国家自然保护地生物多样性丛书

浙江乌岩岭国家级自然保护区

鸟类图鉴
(下册)

主 编 雷祖培 张芬耀 翁国杭

ZHEJIANG UNIVERSITY PRESS
浙江大学出版社

《浙江乌岩岭国家级自然保护区鸟类图鉴（下册）》
编辑委员会

顾　问：陈征海　陈　林

主　任：毛达雄
副主任：周文杰　毛晓鹏　陶翠玲　蓝锋生

主　编：雷祖培　张芬耀　翁国杭
副主编：刘宝权　刘　西　温超然　郑方东
编　委（按姓氏笔画排序）：

王翠翠　毛海澄　包长远　包志远　包其敏　仲　磊
刘敏慧　刘雷雷　许济南　苏　醒　李书益　吴先助
何向武　张友仲　张书润　张娴婉　张培林　陈丽群
陈荣发　陈雪风　陈景峰　林月华　林如金　林莉斯
周乐意　周佳俊　周镇刚　郑而重　项婷婷　钟建平
夏颖慧　郭晓彤　唐升君　陶英坤　黄满好　章书声
曾文豪　蓝家仁　蓝道远　赖小连　赖家厚　雷启阳
蔡建祥　潘向东

摄　影（按姓氏笔画排序）：

王青良　汤　腾　张芬耀　陈光辉　周佳俊　钱　斌
徐　科　屠彦博　温超然　戴美杰　曦　恒

编写单位：浙江乌岩岭国家级自然保护区管理中心
　　　　　浙江省森林资源监测中心（浙江省林业调查规划设计院）

前　言

　　浙江乌岩岭国家级自然保护区是镶嵌在浙南大地上的一颗神奇明珠。其总面积 18861.5hm²，是中国离东海最近的国家级森林生态型自然保护区、浙江省第二大森林生态型自然保护区。其森林植被结构完整、典型，是我国东部亚热带常绿阔叶林保存最好的地区之一，被誉为"天然生物种源基因库"和"绿色生态博物馆"。

　　长期以来，浙江乌岩岭国家级自然保护区全力构建生物多样性天然宝库，取得了丰硕的成果，助力泰顺县成为全国五个建设生物多样性国际示范县之一。为了系统、全面地检验和评估保护区的建设成效，以及满足新形势下摸清"家底"、建立长效监测机制的需要，2020 年，浙江乌岩岭国家级自然保护区管理中心联合浙江省森林资源监测中心开展了新一轮的生物多样性综合科学考察工作，计划利用 3 年时间查清保护区内生物资源种类及分布情况。截至目前，野生鸟类资源本底调查已先行完成，取得了可喜的成果。为了尽快将科考成果转化为促进野生动物保护与管理、科研与科普发展的现实能力，浙江乌岩岭国家级自然保护区管理中心组织编纂了《浙江乌岩岭国家级自然保护区鸟类图鉴》。这是一部纲目清晰、图文并茂、资料丰富、特色鲜明地体现浙江乌岩岭国家级自然保护区鸟类资源的著作，充分体现了浙江乌岩岭国家级自然保护区的生物多样性，具有较高的学术价值和实用价值。

　　本书是对浙江乌岩岭国家级自然保护区鸟类物种的系统性整理，共收录鸟类248 种，隶属 17 目 60 科，其中，国家一级重点保护鸟类有黄腹角雉、白颈长尾雉、黄嘴白鹭等 4 种，国家二级重点保护鸟类有栗头鸦、黑冠鹃隼、蛇雕、凤头鹰、林雕、日本鹰鸮、红隼、棕噪鹛、画眉等 45 种。本书分上、下两册出版：上册记载鸟类 120 种，包括雀形目鸟类 22 种、非雀形目鸟类 98 种；下册记载雀形目鸟类128 种。书中对每种鸟类的中文名、拉丁名、英文名、形态特征、栖息环境、生活习性、地理分布、繁殖、历史记录等进行了描述，并提供生态照片。

　　本书的编纂出版是综合科学考察项目全体队员辛苦调查、团队协作、甘于奉献的结晶。由于本书涉及内容广泛、编著时间有限，书中难免存在疏虞之处，诚恳期望各位专家学者和读者不吝指正，十分感激！

CONTENTS 目 录

各 论·下

浙 江 乌 岩 岭 国 家 级 自 然 保 护 区 鸟 类 图 鉴（下 册）

121 **煤山雀**

Periparus ater (Linnaeus, 1758)

目 雀形目 PASSERIFORMES
科 山雀科 Paridae

英文名 Coal Tit

形态特征 小型鸟类，体长9~12cm。雄鸟夏羽额、眼先、头顶、羽冠、枕一直到后颈黑色，具蓝色金属光泽；颊、耳羽和颈白色，在头侧形成1块大白斑，后颈中央亦有1块大白斑。背蓝灰色；腰和尾上覆羽沾棕褐色；尾羽黑褐色，外翈羽缘银灰色；翅上覆羽黑褐色，外翈羽缘蓝灰色，中覆羽和大覆羽先端白色，大翅上形成2道明显的白色翅斑；飞羽褐色，外翈具细窄的银灰色羽缘，次级飞羽具细窄的白色尖端。颏、喉和前胸黑色，前胸黑色沿颈侧延伸形成1条黑带，与后颈黑色相连；胸污白色；其余下体乳白色或棕白色；腋羽和翅下覆羽白色。雄鸟冬羽与夏羽相似，但上背灰色稍淡，下体羽色稍深暗。雌鸟与雄鸟冬羽相似。幼鸟与成鸟相似，但羽较暗和少光泽，头黑褐色，上体灰橄榄色，后颈中央和翅上白斑亦为黄白色。虹膜暗褐色，嘴黑色，脚铅黑色。

栖息环境 主要栖息于低山和山麓地带的次生阔叶林、阔叶林、针阔叶混交林中，也出没于竹林、人工林和针叶林。冬季也到山麓脚下和邻近平原地带的小树丛、灌木丛，果园、道旁和地边树丛，房前屋后和庭院中的树上活动觅食。

生活习性 除繁殖期成对活动外，多聚成小群，有时也与其他山雀混群。性较活泼而大胆，不甚畏人。行动敏捷，常在树枝间穿梭跳跃，或从一棵树飞到另一棵树上，平时飞行缓慢，飞行距离亦短，但在受惊后飞行很快，不时发出"zi-zi-zi"声。繁殖期鸣声较为洪

亮，尤其在春季繁殖初期，鸣声更为急促多变。有储藏食物以备冬季之需的习惯，于冰雪覆盖的树枝下取食。主要以鳞翅目、双翅目、鞘翅目、半翅目、直翅目、同翅目、膜翅目等昆虫为食，也吃少量蜘蛛、蜗牛等其他小型无脊椎动物和草籽、花等植物性食物。

地理分布 保护区记录于上芳香、丁步头、黄家岱、黄桥等地。浙江省内见于杭州、温州、丽水。国内分布于浙江、安徽东南部、江西、福建西北部。

繁殖 繁殖期3—5月。通常营巢于天然树洞中，有时也在土崖和石隙中营巢。巢呈杯状，外壁主要由苔藓、松萝构成，常混杂地衣和细草茎，内壁为细纤维和兽类绒毛，巢内垫兔毛、鼠毛、猪毛、牛毛和鸟类羽毛。巢距地高1~8m，洞口直径2~7cm，内径6~11cm，深11~38cm。雌、雄鸟共同营巢，但以雌鸟为主。每窝产卵8~10枚。卵呈卵圆形或椭圆形，白色，密布以红褐色斑点，尤以钝端较多，大小平均为15mm×12mm，重平均0.93g。每天或隔天产卵1枚。卵产齐后即开始孵化，孵卵由雌鸟承担，白天坐巢时间7~8小时，离巢时还用毛将卵盖住，夜间在巢内过夜，孵化期13~14天。雏鸟晚成性，由雌、雄亲鸟共同育雏，留巢期17~18天，出巢后亲鸟仍喂食，随后幼鸟自行啄食。

居留型 留鸟（R）。

保护与濒危等级 《中国生物多样性红色名录》无危（LC）;《IUCN红色名录》无危（LC）。

保护区相关记录 首次记录为第一次综合科考（1984）。翁少平（2014）、张雁云（2017）也有记录。

122 **黄腹山雀** 采花鸟

Pardaliparus venustulus (Swinhoe, 1870)

目　雀形目 PASSERIFORMES
科　山雀科 Paridae

英文名　Yellow-bellied Tit

形态特征　小型鸟类，体长 9~11cm。雄鸟额、眼先、头顶、枕、后颈一直到上背黑色，具蓝色金属光泽，后颈具一有时微沾黄色的白色块斑，脸颊、耳羽和颈侧白色，在头侧形成大块白斑。下背、腰、肩亮蓝灰色，腰较浅淡；翅上覆羽黑褐色，中覆羽和大覆羽具白色且微沾黄色的端斑，在翅上形成 2 道明显的翅斑；飞羽暗褐色，除外侧 2 枚初级飞羽外，其余飞羽外翈羽缘灰绿色，三级飞羽先端黄白色。尾上覆羽和尾羽黑色，最外侧 1 对尾羽外翈近基处大部白色，其余外侧尾羽外翈中部白色。颏、喉和上胸黑色且微具蓝色金属光泽，下胸和腹鲜黄色，两胁黄绿色，尾下覆羽黄色，腋羽和翅下覆羽白色且有时微沾黄色。雌鸟额、眼先、头顶、枕和背灰绿色，后颈有一淡黄色斑；腰亦为灰绿色，但稍淡；两翅覆羽和飞羽黑褐色，外翈羽缘绿色，中覆羽、大覆羽和三级飞羽具淡黄白色端斑。脸颊、耳羽以及颏、喉白色或灰白色，其余下体淡黄色沾绿色。幼鸟与雌鸟相似，但头侧和喉沾黄色。虹膜褐色或暗褐色，嘴蓝黑色或灰蓝黑色，脚铅灰色或灰黑色。

栖息环境　主要栖息于海拔 2000m 以下的山地森林中，冬季多下到低山和山脚平原地带的次生林、人工林、林缘疏林、灌丛地带。

生活习性　除繁殖期成对或单独活动外，其他时候成群，常成 10~30 只的群体在高大的阔叶树或针叶树上，有时也与大山雀等其他鸟类混群。白天多数时候在树枝间跳跃穿梭，或在树冠间飞来飞去，频频发出"嗞－嗞－嗞"的叫声。主要以直翅目、半翅目、鳞翅目、鞘翅目等昆虫为食，也吃果实和种子等植物性食物。

地理分布　保护区记录于上芳香、黄桥等地。浙江省各地广布。国内分布于浙江、黑龙江、吉林、北京、河北、山东、河南、山西、陕西南部、内蒙古中部和东部、宁夏、甘肃南部、青海、云南、四川、贵州、湖北、湖南、安徽、江西、江苏、上海、福建北部、广东、香港、广西。

繁殖　繁殖期 4—6 月。营巢于天然树洞中。巢呈杯状，主要由苔藓及细软的草叶、草茎等材料构成，内垫以兽毛等。每窝产卵 5~7 枚。卵白色，被红色或褐色斑点，大小为（17~18mm）×（12~14mm）。

居留型　留鸟（R）。

保护与濒危等级　《中国生物多样性红色名录》无危（LC）;《IUCN 红色名录》无危（LC）。

保护区相关记录　首次记录为张雁云（2017）。

124　黄颊山雀　花奇公、催耕鸟

Machlolophus spilonotus (Bonaparte, 1850)

目　雀形目 PASSERIFORMES
科　山雀科 Paridae

英文名　Yellow-cheeked Tit

形态特征　小型鸟类，体长 12~14cm。雄鸟前额、头顶和羽冠黑色且具蓝色金属光泽，额基、眼先、眉纹、脸颊、耳羽等头侧和颈侧前部鲜黄色，后枕羽冠先端和后枕亦为鲜黄色，在后颈形成一黄色块斑，眼后有一辉蓝黑色纹沿颈侧弯向下。上背铅黑色且具蓝灰色轴纹，下背和腰蓝灰色。尾上覆羽暗蓝灰色，尾黑色，外翈具蓝灰色羽缘，外侧尾羽具白色端斑，最外侧 1 对尾羽外翈几全白色。两翅覆羽黑色，小覆羽具蓝灰色端斑，中覆羽和大覆羽具白色端斑，在翅上形成 2 道白色翅斑，尤以大覆羽白色端斑较宽，形成的白色翅斑亦更明显。飞羽亦为黑色，除第 1~2 枚初级飞羽外，其余初级飞羽外翈蓝灰色，基部白色，向端部逐渐转为窄的白色羽缘；次级飞羽外翈羽缘蓝灰色，羽端白色；三级飞羽具宽的白色端斑。下体颏、喉、胸黑色，有的微具金属光泽；腹中央有 1 条宽的黑色纵带，前端与黑色胸相连，后端延伸至肛周；尾下覆羽白色，有的杂有灰色；胸侧白色，腹侧和两胁蓝灰色。雌鸟与雄鸟相似，但腹部黑色纵带不明显，上体灰色而沾橄榄绿色，颏、喉、胸淡橄榄黄色，腹沾黄绿色，两胁稍暗沾灰色。虹膜暗褐色，嘴黑色，脚铅黑色或暗蓝灰色。

栖息环境　栖息于海拔 2000m 以下的低山常绿阔叶林、针阔叶混交林、针叶林、人工林和林缘灌丛等各类林中，也出入于山边稀树草坡、果园、茶园、溪边、地边灌丛和小树上。

生活习性　常成对或成小群活动，有时也和大山雀等其他小鸟混群。性活泼，整天不停地在大树顶端枝叶间跳跃穿梭，或在树丛中飞来飞去，也到林下灌丛和低枝上活动、觅食。主要以鳞翅目、鞘翅目昆虫为食，也吃果实和种子等植物性食物。

地理分布　保护区内十分常见，各地均有记录。浙江省内见于衢州、温州、丽水。国内分布于浙江、云南、四川南部、贵州、湖南、江西、福建、广东、广西、海南。

繁殖　繁殖期 4—6 月。营巢于树洞中，也在岩石和墙壁缝隙中营巢。巢主要由苔藓、草茎、草叶、松针、纤维等材料构成，内垫以兽毛、花、棉花、碎片等。每窝产卵 3~7 枚。卵白色或灰白色，被暗褐色或红褐色斑点，大小为（18.0~18.5mm）×（14.5~15.0mm）。

居留型　留鸟（R）。

保护与濒危等级　《中国生物多样性红色名录》无危（LC）;《IUCN 红色名录》无危（LC）。

保护区相关记录　首次记录为第一次综合科考（1984）。翁少平（2014）、张雁云（2017）也有记录。

125 **云雀** 大鹨、天鹨、告天鸟

Alauda arvensis Linnaeus, 1758

目 雀形目 PASSERIFORMES

科 百灵科 Alaudidae

英文名 Sky Lark

形态特征 小型鸣禽，体长 15~19cm。雌、雄相似。上体大都沙棕色，各羽纵贯以宽阔的黑褐色轴纹；上背和尾上覆羽的黑褐纵纹较细，棕色因而较显著。后头羽毛稍有延长，略呈羽冠状。两翅覆羽黑褐色，且具棕色边缘和先端；初级和次级飞羽亦黑褐色，有的羽端缀棕白色，外翈边缘缀以棕色，此棕色羽缘在内侧飞羽亦宽阔而浓著，三级飞羽则内、外羽缘此色更宽阔。中央 1 对尾羽黑褐色，而宽缘以淡棕色；最外侧 1 对几乎纯白色，其内翈基处具一暗褐色楔形斑；次 1 对尾羽的外翈白色，而内翈黑褐色；余羽均黑褐色，微具棕白色狭缘。眼先和眉纹棕白色；颊和耳羽均淡棕色，而杂以细长的黑纹。胸棕白色，密布黑褐色粗纹；下体余部纯白色，两胁微有棕色渲染，有时还具褐纹。虹膜暗褐色；嘴角褐色，嘴缘和下嘴基部淡角色；脚肉褐色，后爪较后趾长而稍直。

栖息环境 栖息于开阔的平原、草地、沼泽、耕地、海岸等各种生境，在平原尤为常见。

生活习性 除繁殖期成对活动外，多集群在地面奔跑，间或挺立并竖起羽冠，在受惊时更是如此。巢多营造在开阔的地面上，如荒坡、坟地、田间荒地、路旁和沙滩。歌声柔美嘹亮，常骤然自地面垂直冲上天空，升至一定高度时，稍稍翱翔于空中，而复疾飞直上，

高唱入云，故有"告天鸟"之称。飞高时，往往仅听到其歌声，而难见其鸟。降落亦似上升的飞行状态，两翅常往上展开着，随后突然相折，直落于地面。成鸟以植物性食物为主，也吃部分昆虫，而雏鸟则以动物性食物为主。

地理分布 早期科考资料有记载，但本次调查未见。浙江省内见于嘉兴、杭州、宁波、舟山、衢州、温州、丽水。国内分布于浙江、黑龙江、吉林、辽宁、北京、天津、河北、山东、河南、山西、陕西、内蒙古东北部、宁夏、甘肃、湖北、湖南、安徽、江西、江苏、上海、福建、广东、香港、澳门、台湾。

繁殖 繁殖期4—7月。通常营巢于近水草地、荒坡、田边、路边草地、荒地、耕地。巢呈杯状，置于较隐蔽的地面凹坑内。每窝卵数3~5枚。卵灰白色，杂以褐色或暗灰色斑点，在钝端尤密集，形成1个圆环状，大小为（15~17mm）×（20~23mm），重2.5~3.0g。孵卵全由雌鸟承担，孵化期9~11天。雏鸟晚成性，由雌、雄亲鸟共同育雏，育雏期12~14天。

居留型 冬候鸟（W）。

保护与濒危等级 国家二级重点保护野生动物；《中国生物多样性红色名录》无危（LC）；《IUCN红色名录》无危（LC）。

保护区相关记录 首次记录为张雁云（2017）。

126 小云雀 百灵、告天鸟

Alauda gulgula Franklin, 1831

目 雀形目 PASSERIFORMES
科 百灵科 Alaudidae

英文名 Oriental Skylark

形态特征 小型鸣禽，体长 14~17cm。雌、雄羽色相似。上体沙棕色或棕褐色，满布黑褐色羽干纹。其中，头顶和后颈黑褐色纵纹较细，棕色羽缘较宽，羽色显得较淡，背部黑色纵纹较粗著。眼先和眉纹棕白色，耳羽淡棕栗色。翅黑褐色，初级飞羽外翈具窄的淡棕色羽缘，次级飞羽外翈棕色羽缘较宽，三级飞羽外翈棕色羽缘较淡。尾羽黑褐色，微具窄的棕白色羽缘；最外侧 1 对尾羽几纯白色，仅内翈基部有一暗褐色楔状斑；次 1 对外侧尾羽仅外翈白色。下体淡棕色或棕白色，胸部棕色较浓，密布黑褐色羽干纹。虹膜暗褐色或褐色；嘴褐色，下嘴基部淡黄色；脚肉黄色。

栖息环境 主要栖息于开阔平原、草地、低山平地、河边、沙滩、坟地、农田、荒地以及沿海平原。

生活习性 除繁殖期成对活动外，其他时候多成群。善奔跑，主要在地上活动，有时也停歇在灌木上。常突然从地面垂直飞起，边飞边鸣，直上高空，连续拍击翅膀，并能悬停于空中片刻，再拍翅高飞，有时飞得太高，仅能听见鸣叫而难见鸟，鸣声清脆悦耳。降落时常两翅突然相叠，急速下坠，或缓慢向下滑翔。有时亦见与鹨混群活动。杂食性，主要以植物性食物为食，也吃昆虫等动物性食物。植物性食物主要有禾本科、莎草科、蓼科、茜草科和胡枝子等植物性食物，也吃少量麦粒、豆类等农作物。动物性食物主要有蚂蚁、鳞翅目、鞘翅目等昆虫。

地理分布 早期科考资料有记载，但本次调查未见。浙江省各地广布。国内分布于浙江、云南中部和东部、贵州、湖南南部、江西北部、福建、广东、香港、澳门、广西。

繁殖 繁殖期 4 —7 月。通常营巢于地面凹处，巢多置于草丛中或树根与草丛旁，隐蔽性较好，有时也置于裸露的地面上，巢旁无任何植物遮蔽。巢主要由枯草的茎、叶构成，内垫细草茎和须根。巢呈杯状，外径 11~12cm，内径 5.5~7.2cm，高 4.4~5.0cm，深 2.6~3.2cm。每窝产卵 3~5 枚。卵淡灰色或灰白色，被褐色斑点，也有被紫色或近绿色斑点，大小为（21~25mm）×（12~16mm）。

居留型 留鸟（R）。

保护与濒危等级 《中国生物多样性红色名录》无危（LC）;《IUCN 红色名录》无危（LC）。

保护区相关记录 首次记录为张雁云（2017）。

127 山鹪莺

Prinia crinigera Hodgson, 1836

目　雀形目 PASSERIFORMES
科　扇尾莺科 Cisticolidae

英文名　Hill Prinia

形态特征　小型鸟类，体长 13~18cm。雌、雄羽色相似。夏羽上体栗褐色或暗褐色，具灰色、棕灰色或橄榄黄色羽缘，因而每片羽毛形成暗色条纹或斑纹。下背、腰和尾上覆羽纵纹不明显或无暗色中央条纹，羽色多为棕褐色。尾较长，呈突出状，外侧尾羽渐次缩短；尾羽沙褐色或棕褐色，具黑褐色羽干纹，除中央 1 对尾羽外，其余尾羽具淡棕色或棕白色尖端，有的还具不明显的横斑或黑色亚端斑。两翅覆羽和飞羽黑褐色，羽缘深棕褐色或棕色。眼先黑色，眼周、颊和耳覆羽上部暗褐色，下颊和耳覆羽下部淡棕褐色。下体白色沾棕色或棕白色，两胁和尾下覆羽棕色或淡棕色。冬羽尾羽较夏羽显著长，上体棕褐色且具黑色纵纹。虹膜橘黄色，嘴黑色，脚棕黄色。

栖息环境　主要栖息于低山和山脚地带的灌丛、草丛中，尤以山边稀树草坡、农田地边、居民点附近等开阔地带的灌丛和草丛中较常见，也出没于亚热带常绿阔叶林和松林林缘灌丛、草地、湖边，以河岸灌丛、草丛、芦苇丛中常见。

生活习性　常单独或成对活动，有时亦见成 3~5 只的小群。多在灌木和草茎下部紧靠地面的枝叶间跳跃觅食，有时也栖息于灌木顶端。尾常常向背部垂直翘起，并从一边扭转向另一边。飞翔能力弱，一般不做长距离飞行。鸣声为一连串单调的 2~4 声的刺耳喘息声，似锯片被磨刀石打磨的声音。主要以鞘翅目、鳞翅目、直翅目、膜翅目等昆虫为食。

地理分布　保护区记录于上燕。浙江省内见于湖州、嘉兴、杭州、宁波、舟山、金华、衢州、温州、丽水。国内分布于浙江、四川、贵州、湖南、安徽、江西、江苏、上海、福建、广东、澳门、广西。

繁殖　繁殖期 4~7 月。通常营巢于草丛中，巢多筑于粗的草茎上，也有在低矮的灌木下部营巢的。由于有草丛和灌丛的遮蔽，巢一般不易被发现。巢呈椭圆形或圆形，开口在靠近顶端侧面，巢的外层主要由竹叶、茅草、苔藓等混杂以蜘蛛网构成，内层用禾本科果穗、棕丝和羊毛等衬垫，距地高约 0.4m。巢的外径 7.4~11.0cm，内径 4.5cm，高 6.5cm，深 5.2cm。通常每窝产卵 4~6 枚，也有少至 3 枚和多至 7 枚的。卵为卵圆形，淡蓝色，密布赭红色斑点，也有底色为白色、粉红色或绿蓝色，而斑点为淡红色、红褐色或几为黑色的，常在钝端形成环带状，大小为（17~19mm）×（11~13mm），重 1.5g。雌、雄亲鸟轮流孵卵，孵化期 10~11 天。雏鸟晚成性，雌、雄亲鸟共同育雏。

居留型　留鸟（R）。

保护与濒危等级　《中国生物多样性红色名录》无危（LC）;《IUCN 红色名录》无危（LC）。

保护区相关记录　首次记录为第一次综合科考（1984）。翁少平（2014）、张雁云（2017）也有记录。

128 黄腹山鹪莺 黄腹鹪莺

Prinia flaviventris (Delessert, 1840)

目 雀形目 PASSERIFORMES
科 扇尾莺科 Cisticolidae

英文名 Yellow-bellied Prinia

形态特征 小型鸟类，体长 10~13cm。夏羽额、头顶暗灰色或石板灰色，到枕和后颈逐渐变为灰绿色或橄榄绿色，头侧暗灰色。眼先和眼周淡皮黄色或皮黄白色，自鼻孔升至眼后，有时眉纹不明显或缺失。其余上体橄榄绿色，腰和尾上覆羽较浅淡。尾长，呈突出状，外侧尾羽依次向外逐渐缩短，尾羽淡褐色且具淡棕色羽缘，有时具不明显的暗色横斑和白色尖端。两翅褐色，飞羽外翈羽缘暗黄色，紧靠内侧的飞羽和覆羽颜色同背。颏、喉白色，略沾皮黄色，胸、腹和尾上覆羽黄色。冬羽尾羽明显较夏羽长，头顶和头侧灰橄榄色，上体淡橄榄褐色或棕灰褐色，下体较白和较淡黄，其余与夏羽相似。虹膜橙黄色；嘴夏季黑色，冬季褐色；跗跖和趾暗黄色或橙黄色。

栖息环境 主要栖息于山脚和平原地带的芦苇丛、沼泽、灌丛、草地，也栖息于河流、湖泊、水渠、农田地边、村寨附近的稀树草坡、小树丛、草丛。

生活习性 常单独或成对活动，偶尔也结成 3~5 只的小群。多在灌丛和草丛下部活动、觅食，因而不易见到，但有时也上到灌丛和芦苇丛上部，然后又很快落下，不做远距离飞行。飞行有力，两翅扇动沉重，常常发出振翅声响。活动时尾常上下摆动，或垂直翘到背上，并不时发出像猫一样的叫声。繁殖期雄鸟常站在高的灌木枝头或草茎顶端鸣唱，时而垂直升到空中 3~4m，进行飞行表演，伴随着两翅扇动而发出"啪、啪"声响，然后又斜着落到栖木上。性活泼而大胆，不甚怕人。主要以昆虫为食，也吃蜘蛛和其他小型无脊椎动物，偶尔吃植物果实和种子。

地理分布 保护区记录于黄桥、三插溪。浙江省内见于杭州、宁波、温州、丽水。国内分布于浙江、云南南部、贵州、江西、福建、广东、香港、澳门、广西、海南、台湾。

繁殖 繁殖期 4—7 月。雌、雄鸟共同筑巢。通常营巢于杂草丛中或低矮的灌木上。巢呈深杯状，主要由芦苇叶和草叶构成，内垫细的草叶和草茎。巢多固定在芦苇茎或草茎上，距地高 0.3~1.0m。巢的直径 6.5~8.0cm，高 11~16cm，巢口直径 3.8~4.3cm。每窝产卵 3~6 枚，通常 4~5 枚。卵红色，光滑无斑，大小为（13.8~15.0mm）×（11.2~12.0mm）。雌、雄亲鸟共同孵卵，孵化期为 15 天。雏鸟晚成性，雌、雄共同育雏。

居留型 留鸟（R）。

保护与濒危等级 《中国生物多样性红色名录》无危（LC）;《IUCN 红色名录》无危（LC）。

保护区相关记录 首次记录为张雁云（2017）。

129　纯色山鹪莺　褐头鹪莺

Prinia inornata Sykes, 1832

| 目 | 雀形目 PASSERIFORMES |
| 科 | 扇尾莺科 Cisticolidae |

英文名　Plain Prinia

形态特征　小型鸟类，体长 11~14cm。雌、雄羽色相似。夏羽上体灰褐色或灰褐色沾棕色，头顶羽色较深，额更显棕色，有时头顶具暗色羽干纹且微具棕色羽缘；眼先、眉纹和眼周棕白色，颊和耳羽淡褐色或黄褐色，有时亦呈浅棕白色。背、腰沾橄榄色。尾长，呈突出状，外侧尾羽向外依次缩短；尾羽灰褐色或淡褐色，具隐约可见的横斑，尤以中央尾羽较明显，外侧尾羽较模糊，但外侧尾羽具不明显的黑色亚端斑和极窄的白色端斑。翅上覆羽浅褐色，外翈羽缘浅红棕色或灰褐色；飞羽褐色或浅褐色，外翈羽缘红棕色。下体白色，微沾皮黄色，尤以胸、两胁和尾下覆羽显著，有的两胁还沾褐色。覆腿羽、腋羽和翅下覆羽浅棕色或棕色。冬羽尾较夏羽长，上体红棕色，多呈红棕褐色或沾红棕的土褐色；下体棕色，颏、喉色稍浅；其余与夏羽相似。虹膜淡褐色、橙黄色或黄褐色；上嘴褐色或黑褐色，下嘴角黄色或黄白色；脚肉色或肉红色。

栖息环境　主要栖息于海拔 1500m 以下的低山丘陵、山脚，以及平原地带的农田、果园、村庄附近的草地上与灌丛中，也栖息于溪流沿岸和沼泽边的灌丛、草丛中。

生活习性　常单独或成对活动，偶尔结成小群。多在灌木下部和草丛中跳跃觅食。性活

泼，行动敏捷，一般除受惊后急速从草丛中飞起外，其他时候很少飞翔，特别是很少做长距离飞行，通常起飞后飞不多远又落入附近草丛中，飞行呈波浪式。叫声单调、清脆，其声似"ze-ze-"，繁殖期雄鸟亦常站在高的灌木枝头鸣唱。主要以鞘翅目、膜翅目、鳞翅目等昆虫为食，也吃少量蜘蛛等其他小型无脊椎动物和杂草种子等植物性食物。

地理分布　保护区记录于黄桥、三插溪。浙江省各地广布。国内分布于浙江、山东、云南、四川西部、重庆、贵州、湖北、湖南、安徽、江西、江苏、上海、福建、广东、香港、澳门、广西、海南。

繁殖　繁殖期5—7月。通常筑巢在巴茅草丛和小麦丛间，距地高0.5~1.0m。巢呈囊状或深杯形；囊状巢筑在茅草丛中，主要由巴茅叶丝编织而成，巢口位于上侧方，外径6~7cm，内径3~5cm，高9~14cm，深5.0~7.5cm；杯形巢筑在小麦丛间，距地高0.5m，用纤维、毛茛科植物种毛和蛛丝构成，外砌以小麦叶片，外径6.5cm，内径5cm，高7cm，深5cm。每窝产卵4~6枚。卵白色、绿色和亮蓝色沾黄色，被稀疏的红褐色或赭色斑点，尤以钝端较密，大小为（13.7~16.0mm）×（11.0~12.8mm）。孵卵由雌、雄鸟轮流承担，孵化期11~12天。

居留型　留鸟（R）。

保护与濒危等级　《中国生物多样性红色名录》无危（LC）;《IUCN红色名录》无危（LC）。

保护区相关记录　首次记录为翁少平（2014）。张雁云（2017）也有记录。

130 小鳞胸鹪鹛 小鹪鹛

Pnoepyga pusilla Hodgson, 1845

目　雀形目 PASSERIFORMES
科　鳞胸鹪鹛科 Pnoepygidae

英文名　Pygmy Wren Babbler

形态特征　小型鸟类，体长 8~9cm。有两种色型，即白色型和棕色型。白色型整个上体包括两翅和尾表面概为暗褐色沾棕色，头顶、上背各羽具棕黄色次端斑和黑褐色羽缘，形成鳞状斑。翅上中覆羽和大覆羽具亮棕黄色点滴状次端斑，在翅上形成 2 列明显的亮棕黄色斑点。两翅黑褐色，飞羽表面渲染栗褐色或深栗棕色，内侧次级飞羽先端稍淡，形成隐约可见的点状斑。腰和尾上覆羽棕黄色次端斑较背鲜亮。尾极短，隐藏于尾覆羽之内，与尾上覆羽颜色相同，但具较狭窄的棕色羽端。颏、喉白色，微具褐色或灰褐色狭缘；胸、腹亦为白色，但各羽中央和羽缘为暗褐色，尤以胸部暗褐色羽缘特别明显，因而形成显著的鳞状斑；两胁和尾下覆羽黑褐色沾棕色，并具棕黄色羽端。棕色型上体与白色型相似，但下体白色部分变为棕黄色。虹膜暗褐色；上嘴黑褐色，下嘴稍淡，嘴基黄褐色；脚和趾褐色。

栖息环境　主要栖息于海拔 1200~3000m 的中高山森林地带，冬季也见于海拔 1000m 以下的低山和山脚等低海拔地区，尤其喜欢茂密、林下植物发达、地势起伏不平、多岩石和倒木的阴暗潮湿森林。

生活习性　单独或成对活动。性胆怯，常躲藏在林下茂密的灌丛、竹丛和草丛中活动觅食，一般不到林外开阔的草地活动，因而不易见到。但活动时频繁地发出一种清脆而响亮的特有叫声，根据叫声很容易找到它。常在茂密的灌木和竹林间地面跳来跳去，受惊时则潜入密林深处，一般很少起飞，而且从不远飞。主要以昆虫和植物叶、芽为食。

地理分布　早期科考资料有记载，但本次调查未见。浙江省内见于杭州、温州、丽水。国内分布于浙江、陕西南部、甘肃南部、西藏东南部、云南、四川、重庆、贵州、湖北、湖南、安徽、江西东北部、福建、广东、广西。

繁殖　繁殖期 4—7 月。营巢于海拔 1200m 以上的茂密森林中，巢多置于林下岩石间或长满苔藓植物的岩石壁上。巢呈圆柱形，开口于上侧，主要由青苔构成，内垫细草根，巢高 18~19cm，宽 9~11cm，深 5.0~5.5cm，巢口直径 3.5cm。每窝产卵 2~4 枚。卵纯白色，光滑无斑，大小为（15.4~18.9mm）×（12.1~14.0mm）。

居留型　留鸟（R）。

保护与濒危等级　《中国生物多样性红色名录》无危（LC）;《IUCN 红色名录》无危（LC）。

保护区相关记录　首次记录为第一次综合科考（1984）。翁少平（2014）、张雁云（2017）也有记录。

131 高山短翅蝗莺　高山短翅莺

Locustella mandelli (Brooks, WE, 1875)

目　雀形目 PASSERIFORMES
科　蝗莺科 Locustellidae

英文名　Russet Bush-warbler

形态特征　小型鸟类，体长约 14cm。雌、雄羽色相似。整个上体包括两翅和尾表面全为暗褐色沾棕色，尾羽较长而尖。眼先和眼周皮黄色，形成一皮黄色眼圈；眉纹亦为皮黄色，但不甚明显。颈侧褐色，喉和腹中央白色，胸灰色或灰褐色，两胁和尾下覆羽橄榄褐色，尾下覆羽具白色尖端；喉通常具少许灰色条纹或斑点，但到冬季则消失且多缀有皮黄褐色。虹膜褐色；嘴粗厚，黑褐色，上嘴边缘和下嘴基部淡红色；脚淡红色。

栖息环境　主要栖息于海拔 2500m 以下山地森林林缘灌丛、草丛中，尤以开阔林缘疏林草坡和山边灌丛草地尤为常见。

生活习性　单独或成对活动，冬时成小群活动。性胆怯，善隐蔽。一般多活动于灌丛中，也见于林间沼泽、林缘、道旁灌丛与草丛中。性活泼，频繁地在灌丛低枝间跳来跳去寻觅食物。在繁殖期，常发出鸣叫声，不仅白天鸣叫，而且晚上也常常鸣叫，只闻其声，不见其影。鸣声似发电报的"滴－答答滴－答答滴"声，或为不断重复的摩擦音"zee-ut，zee-ut"。食物主要为鞘翅目、双翅目等昆虫，也食蜗牛、蜘蛛等其他无脊椎动物。

地理分布　保护区记录于金针湖。浙江省内见于温州、丽水。国内分布于浙江、江西、福建、广东、广西、台湾。

繁殖　繁殖期 5—7 月，3—4 月即开始求偶和占区鸣叫。筑巢于近地面的草丛中。巢呈杯状，通常由芒草等枯草、枯叶和细软的草茎等构成。巢高 6.5~8.5cm，外径 8.5~10.0cm，内径 4.5~6.0cm，深 3.2~4.0cm。每窝产 2 枚卵。卵呈白色，缀以紫红色或灰紫色斑点，尤以钝端稠密，常形成圆环，平均大小为 19mm × 15mm。

居留型　留鸟（R）。

保护与濒危等级　《中国生物多样性红色名录》无危（LC）;《IUCN 红色名录》无危（LC）。

保护区相关记录　2020 年科考新增物种。

132　淡色崖沙燕　淡色沙燕

Riparia diluta (Sharpe & Wyatt, 1893)

目　雀形目 PASSERIFORMES
科　燕科 Hirundinidae

英文名　Pale Martin

形态特征　小型燕类，体长 11~14cm。雌、雄羽色相似。上体从头顶、肩至上背和翅上覆羽深灰褐色；下背、腰和尾上覆羽稍淡，呈灰褐色，具不甚明显的白色羽缘。飞羽黑褐色，内侧羽缘较淡；外侧 2 或 3 枚初级飞羽羽轴亮黑褐色，其余飞羽羽轴亮栗褐色，反面全为白色。尾呈浅叉状，颜色与背同，但较暗；除中夹 2 对尾羽外，其余尾羽均具不甚明显的白色羽缘。眼先黑褐色，耳羽灰褐色或黑褐色。颏、喉白色或灰白色，有时此白色扩延到颈侧；胸有灰褐色环带，有的灰褐色胸带中央部分还杂有灰白色，亦有少数个体胸带中部向下延伸至上腹中央；腹和尾下覆羽白色或灰白色，两胁灰白色且沾褐色，腋羽和翼下覆羽灰褐色。幼鸟羽色与成鸟相似，但背部具较宽的淡色羽缘，颏和喉黄褐色。虹膜深褐色，嘴黑褐色，跗跖灰褐色或黑褐色。

栖息环境　喜栖息于湖泊、沼泽、河流的岸边沙滩、沙丘或砂质岩坡上。

生活习性　常成群生活，多为 30~50 只，有时亦见数百只的大群。一般不远离水域，常成群在水面或沼泽地上空飞翔，有时亦见与家燕、金腰燕混群飞翔于空中。飞行轻快而敏捷，常穿梭往返于水面，且边飞边叫，但一般不高飞。休息时亦成群停栖在沙丘、沼泽地或沙滩上，有时亦见栖息于路边电线上和水稻田中。捕食活动在空中，专门捕食空中飞行性昆虫，尤其善于捕捉接近地面的低空飞行昆虫。食物主要有鳞翅目、鞘翅目、膜翅目、同翅目、双翅目和半翅目昆虫，也吃蜉蝣目昆虫。

地理分布　早期科考资料有记载，但本次调查未见。浙江省内见于杭州、绍兴、宁波、衢州、温州、丽水。国内分布于浙江、河南北部、陕西南部、甘肃南部、四川东部、重庆、贵州、湖北、江苏、福建、广东、香港、广西。

繁殖　繁殖期 5—7 月。成群营群巢，通常 10 多只在一起营巢，也有上百只在一起营巢的，巢洞一个接一个，彼此挨得很近。通常营巢于河流或湖泊岸边砂质悬崖上，由雌、雄成鸟轮流在砂质悬崖峭壁上用嘴凿洞为巢。巢呈水平坑道状，深度为 0.5~1.3m，有时洞道多少有些弯曲；洞口扁圆或椭圆形，直径为 5~12cm；洞末端扩大成巢室，其高 8~11cm，宽 10~14cm。巢即筑于室内，浅盆状，巢材主要有芦苇茎和叶、枯草、鸟类羽毛，外径 10~13cm，内径 6~8cm，深 1.5~2.0cm，高 2.0~3.5cm。每窝产卵 46 枚。卵白色，光滑无斑，直径为 12~14mm，重 1.3~1.9g。孵化期 12~13 天，育雏期 19 天。

居留型　留鸟（R）。

保护与濒危等级　《中国生物多样性红色名录》无危（LC）;《IUCN 红色名录》无危（LC）。

保护区相关记录　首次记录为翁少平（2014）。张雁云（2017）有也记录。

133 **家燕** 燕子

Hirundo rustica Linnaeus, 1758

| 目 | 雀形目 PASSERIFORMES |
| 科 | 燕科 Hirundinidae |

英文名 Barn Swallow

形态特征 小型鸟类，体长 15~19cm。雌、雄羽色相似。前额深栗色，上体从头顶一直到尾上覆羽均为蓝黑色且富有金属光泽。两翼小覆羽、内侧覆羽和内侧飞羽亦为蓝黑色且富有金属光泽。初级飞羽、次级飞羽和尾羽黑褐色且微具蓝色光泽，飞羽狭长。尾长，呈深叉状；最外侧 1 对尾羽特形延长，其余尾羽由两侧向中央依次减短；除中央 1 对尾羽外，所有尾羽内翈均具一大形白斑，飞行时尾平展，其内翈上的白斑相互连成 V 形。额、喉和上胸栗色或棕栗色，其后有一黑色环带，有的黑环在中段被侵入栗色中断；下胸、腹和尾下覆羽白色或棕白色，也有呈淡棕色和淡赭桂色的，随亚种而不同，但均无斑纹。幼鸟与成鸟相似，但尾较短，羽色亦较暗淡。虹膜暗褐色，嘴黑褐色，跗跖和趾黑色。

栖息环境 喜欢栖息在人类居住的环境，常成群栖息于村庄中的房顶、电线上，以及附近的河滩、田野里。

生活习性 善飞行，白天大多数时间都成群在村庄及其附近的田野上空不停地飞翔，飞行迅速敏捷，有时飞得很高，像鹰一样在空中翱翔，有时又紧贴水面一闪而过，时东时西，忽上忽下，没有固定飞行方向，有时还不停地发出尖锐而急促的叫声。活动范围不大，通常在栖息地 2km² 范围内活动。主要以昆虫为食，在飞行中边飞边捕食。食物主要

有双翅目、鳞翅目、膜翅目、鞘翅目、同翅目、蜻蜓目等昆虫。

地理分布　保护区内常见，各地均有记录。浙江省各地广布。国内见于各省份。

繁殖　繁殖期4—7月，多数1年繁殖2窝，第1窝通常在4—6月，第二窝多在6—7月。通常在到达繁殖地后不久即开始繁殖，此时雌、雄鸟甚为活跃，常成对活动在居民点，时而在空中飞翔，时而栖息于房顶或房檐下横梁上，并以清脆婉转的声音反复鸣叫。经过这种求偶表演后，雌、雄家燕即开始营巢。巢多置于人类房舍墙壁上、屋檐下或横梁上，甚至在悬吊着的电灯上筑巢。筑巢时雌、雄亲鸟轮流从江河、湖泊、沼泽、水田、池塘等水域岸边衔取泥、麻、线和枯草茎、草根，混以唾液，形成小泥丸，然后用嘴将它们从巢的基部逐渐向上整齐而紧密地堆砌在一起，形成非常坚固的外壳。再用3~5天衔取干的细草茎和草根，用唾液将它们黏铺于巢底，形成干燥而舒适的内垫，最后垫以柔软的植物纤维、头发和鸟类羽毛。每窝产卵4~5枚，少数为2~3枚。卵圆形或长卵圆形，白色，被大小不等的褐色或红褐色斑点，大小为（13~16mm）×（18~20mm），重1.3~2.5g。孵卵主要由雌鸟承担，孵化期14天。雌、雄亲鸟共同育雏，育雏期20~23天。

居留型　夏候鸟（S）。

保护与濒危等级　《中国生物多样性红色名录》无危（LC）;《IUCN红色名录》无危（LC）。

保护区相关记录　首次记录为第一次综合科考（1984）。翁少平（2014）、张雁云（2017）也有记录。

134 金腰燕 赤腰燕

Cecropis daurica (Laxmann, 1769)

目 雀形目 PASSERIFORMES

科 燕科 Hirundinidae

英文名 Red-rumped Swallow

形态特征 小型燕类，体长 16~20cm。雌、雄羽色相似。上体从前额、头顶一直到背均为蓝绿色且具金属光泽，有的后颈杂有栗黄色或棕栗色，形成领环，有的后颈微杂棕栗色。腰栗黄色或棕栗色，具有不同程度的黑色羽干纹，有的腰部黑色羽干纹不明显或几无纵纹。尾长，最外侧 1 对尾羽最长，往内依次缩短。尾呈深叉状；尾羽为黑褐色，除最外侧 1 对尾羽外，其余尾羽外侧微具蓝黑色金属光泽。两翅小覆羽和中覆羽与背同色，其余外侧覆羽和飞羽黑褐色，内侧羽缘稍淡，外侧微具光泽。眼先棕灰色，羽端沾黑色；颊和耳羽棕色且具暗褐色羽干纹。下体棕白色，满杂以黑色纵纹；尾下覆羽纵纹细而疏，羽端亦为辉蓝黑色。虹膜暗褐色，嘴黑褐色，跗跖和趾暗褐色。

栖息环境 栖息于低山及平原地区的住宅区附近。通常出现于平地至低海拔之空中或电线上。

生活习性 常成群活动，少则几只，多则数十只，迁徙期间有时集成数百只的大群。性极活跃，喜欢飞翔，大部分时间都在村庄及其附近田野、水面上空飞翔。飞行姿态轻盈而悠闲，有时也能像鹰一样在天空翱翔和滑翔，有时又像闪电一样掠水而过，极为迅速而灵巧。休息时多停歇在房顶、屋檐、房前屋后湿地上和电线上，并常发出"唧唧"的叫声。

主要以昆虫为食，常见的有双翅目、膜翅目、半翅目和鳞翅目等昆虫。

地理分布 保护区内常见，各地均有记录。浙江省各地广布。国内分布于浙江、黑龙江、吉林、辽宁、北京、天津、河北、山东、河南、山西、陕西、内蒙古东部、甘肃、云南、四川、重庆、贵州、湖北、湖南、安徽、江西、江苏、上海、福建、广东、香港、澳门、广西、台湾。

繁殖 繁殖期4—9月。繁殖开始前它们常常成对在空中飞翔，或并排地站在房顶或房前电线上，雄燕常常反复不停地对着身旁的雌燕鸣叫，鸣声清脆婉转，雌燕亦常常跟着对鸣，经3~5天，雌、雄燕则双双飞到附近的河边、池塘、沼泽、湖泊、水沟等潮湿地上摄取泥土筑巢。通常营巢于人类房屋等建筑物上，巢多置于屋檐下、天花板上或房梁上。雌、雄亲鸟共同营巢，每个巢需10~26天才能完成。喜欢利用旧巢，即使旧巢已很破旧，也常常修理后再用。每年可繁殖2次，每窝产卵4~6枚，多为5枚，第二窝也有少至2~3枚的。卵纯白色，个别有少许棕褐色斑点，大小为（19~24mm）×（13~15mm），重1.6~1.9g。卵产齐后即开始孵卵，由雌、雄亲鸟轮流进行，孵化期16~18天。雌、雄亲鸟共同育雏，育雏期26~28天。

居留型 夏候鸟（S）。

保护与濒危等级 《中国生物多样性红色名录》无危（LC）;《IUCN 红色名录》无危（LC）。

保护区相关记录 首次记录为第一次综合科考（1984）。翁少平（2014）、张雁云（2017）也有记录。

135 烟腹毛脚燕

Delichon dasypus (Bonaparte, 1850)

目　雀形目 PASSERIFORMES
科　燕科 Hirundinidae

英文名　Asian House Martin

形态特征　小型燕类，体长 12~13cm。雌、雄羽色相似。上体自额、头顶、头侧、背、肩均为黑色，头顶、耳覆羽、上背和翕具蓝黑色金属光泽。后颈羽毛基部白色，有时显露于外。下背、腰和短的尾上覆羽白色且具细的褐色羽干纹；长的尾上覆羽黑褐色，羽端微具金属光泽；尾羽黑褐色；尾呈浅叉状。两翅飞羽和覆羽黑褐色且具蓝色金属光泽。下体自颏、喉到尾下覆羽均为烟灰白色，胸和两胁缀有更多烟灰色；尾下覆羽具细的黑色羽干纹，长的尾下覆羽灰色且具宽的白色边缘。虹膜暗褐色；嘴黑色；跗跖和趾淡肉色，均被白色绒羽。

栖息环境　主要栖息于山地悬崖峭壁处，尤其喜欢人迹罕至的荒凉山谷地带，也栖息于房檐、桥梁等人类建筑物上。

生活习性　常成群栖息和活动，多在栖息地上空飞翔，有时也出现在森林上空或在草坡、山脊上空飞来飞去。通常低飞，也能像鹰一样在空中盘旋俯冲。主要以昆虫为食，在空中捕食飞行的昆虫，多为膜翅目、鞘翅目、半翅目、双翅目等昆虫。

地理分布　保护区记录于黄桥、三插溪。浙江省内见于湖州、杭州、宁波、舟山、台州、金华、衢州、温州、丽水。国内分布于浙江、湖南、安徽、江西、福建、广东、香港、广西、台湾。

繁殖　繁殖期 6—8 月。常成群在营巢，通常营巢于悬崖凹陷处或陡峭岩壁石隙间，也营巢于桥梁、废弃的房屋墙角等人类建筑物上。1 年繁殖 1~2 窝。巢由雌、雄亲鸟用泥土、枯草混合成泥丸堆砌而成，呈侧扁的长球形或半球形，一端开口。巢的大小为长 15.5~17.0cm，底部宽 8~9cm，巢口直径 3.8cm，巢壁厚 1.5~2.0cm，内垫以枯草茎、叶、苔藓和羽毛。每窝产卵 3~5 枚，多为 3 枚。卵纯白色，大小为（17.7~19.6mm）×（12.2~13.5mm），重 1.0~1.2g。孵化及育雏由雌、雄亲鸟担任，孵化期 15~19 天，育雏期约 20 天。

居留型　留鸟（R）。

保护与濒危等级　《中国生物多样性红色名录》无危（LC）；《IUCN 红色名录》无危（LC）。

保护区相关记录　2020 年科考新增物种。

136 **领雀嘴鹎** 青冠雀、绿鹦嘴鹎

Spizixos semitorques Swinhoe, 1861

目　雀形目 PASSERIFORMES
科　鹎科 Pycnonntidae

英文名　Collared Finchbill

形态特征　小型鹎类，体长 17~21cm。额、头顶黑色，额基近鼻孔处和下嘴基部各有一小束白羽，颊和耳羽黑色且具白色细纹。头两侧略杂以灰白色，后头和颈部逐渐转为深灰色。背、肩、腰和尾上覆羽橄榄绿色，尾上覆羽稍浅淡，尾橄榄黄色且具宽阔的暗褐色至黑褐色端斑。翅上覆羽与背相似，呈褐绿色或暗橄榄黄色；飞羽暗褐色，外翈橄榄黄绿色。颏、喉黑色，其后围以半环状白环，从颈的两侧延伸至耳后，胸和两胁橄榄绿色，腹和尾下覆羽鲜黄色，有的在下胸两侧和腹侧有不明显的纵纹。虹膜灰褐色或红褐色；嘴粗短，上嘴略向下弯曲，灰黄色或肉黄色；脚淡灰褐色或褐色。

栖息环境　主要栖息于低山丘陵和山脚平原地区，也见于海拔 1000m 以上的山地森林和林缘地带，尤喜溪边沟谷灌丛、稀树草坡、林缘疏林、常绿阔叶林、次生林、栎林等，偶尔出现在庭院、果园、村舍附近的树林与灌丛中。

生活习性　常成群活动，有时也见单独或成对活动的。鸣声婉转悦耳，其声为"pa-de，pa-de"。主要以植物性食物为主，其中尤喜野果，主要种类有草莓、黄莓、马桑、胡颓子、花楸、荚蒾、野葡萄、樱桃、常春藤、五加科、鸡屎藤、蔷薇果实，禾本科种子，豆科种子及嫩叶等。动物性食物主要有金龟甲、瓢虫、蜻蜓、蚂蚁、蟋蟀、步甲等昆虫。

地理分布　保护区内常见，各地均有记录。浙江省各地广布。国内分布于浙江、河南南部、山西、陕西、甘肃南部、云南、四川、重庆、贵州、湖北、湖南、安徽、江西、上海、福建、广东、广西。

繁殖　繁殖期 5—7 月。通常营巢于溪边或路边小树侧枝梢处，也有营巢于灌丛上，距地面高 1~3m。巢用细干枝、细藤条、草茎、草穗等构成，内垫细草茎、草叶、细树根、草穗、棕丝等。巢呈碗状，大小为外径 9~15cm，内径 6~8cm，高 5~7cm，深 3~4cm。每窝产卵 3~4 枚。卵浅棕白色、灰白色或淡黄色，被大小不一的红褐色和淡紫色斑点，尤以钝端较密，大小为（25~26mm）×（18~19mm）。

居留型　留鸟（R）。

保护与濒危等级　《中国生物多样性红色名录》无危（LC）；《IUCN 红色名录》无危（LC）。

保护区相关记录　首次记录为第一次综合科考（1984）。翁少平（2014）、张雁云（2017）也有记录。

137 黄臀鹎

Pycnonotus xanthorrhous Anderson, 1869

目　雀形目 PASSERIFORMES
科　鹎科 Pycnonntidae

英文名　Brown-breasted Bulbul

形态特征　小型鹎类，体长 17~21cm。额、头顶、枕、眼先、眼周均为黑色，额和头顶微具有光泽；下嘴基部两侧各有一红色小斑点。耳羽灰褐色或棕褐色；背、肩、腰至尾上覆羽土褐色或褐色，两翅和尾暗褐色，飞羽具淡色羽缘，有的尾羽具不明显的明暗相间的横斑，有的外侧尾羽具窄的白色尖端。颏、喉白色，喉侧具不明显的黑色髭纹。上胸灰褐色，形成 1 条宽的灰褐色或褐色环带，两胁灰褐色或烟褐色，尾下覆羽深黄色或金黄色，其余下体污白色或乳白色。虹膜棕色、茶褐色或黑褐色，嘴、脚黑色。

栖息环境　主要栖息于中低山、山脚平原、丘陵地区的次生阔叶林、栎林、混交林和林缘地区，尤其喜欢沟谷、林缘、疏林灌丛、稀树草坡等，也出现于竹林、果园、农田边、村落附近的小块树林和灌木丛中，不喜欢茂密的大森林。

生活习性　除繁殖期成对活动外，其他季节均成群活动，晚上成排地栖息在树枝上过夜。通常 3~5 只一群，亦见有 10 多只至 20 只的大群，有时亦见与其他鹎混群。善鸣叫，鸣声清脆洪亮。主要以植物果实与种子为食，也吃昆虫等动物性食物，但幼鸟几全以昆虫为食。冬季主要以植物种子，如乌桕种子为食；夏季主要以各种浆果等果实为食，也吃鞘翅目、鳞翅目等昆虫。偶尔吃少量农作物种子，如麦粒、豌豆、油菜籽等。

地理分布　保护区记录于三插溪、何园等地。浙江省内见于湖州、杭州、绍兴、宁波、金华、衢州、温州、丽水。国内分布于浙江、河南、陕西、甘肃中部和南部、云南东部、四川东部、重庆、贵州、湖北、湖南、安徽、江西、江苏、上海、福建、广东、澳门、广西。

繁殖　繁殖期 4—7 月，2 月末 3 月初开始配对。配对以后雌、雄鸟逐渐离开群体，彼此追逐于树枝间，有时彼此上下翻飞，出现求偶交配行为。通常营巢于灌木或竹丛间，也在林下小树上营巢，巢距地高 0.6~1.5m，有时亦置巢在距地 1.5~2.5m 高的树权上。巢为碗状，主要由细的枯枝、草茎、草叶、植物纤维等材料构成，内垫细草茎、花穗等柔软物质，大小为外径 8~13cm，内径 6~7cm，高 7~8cm，深 4~5cm。每窝产卵 2~5 枚。卵淡灰白色或淡红色，被紫色斑点，大小为 22.5 × 16.2mm。

居留型　留鸟（R）。

保护与濒危等级　《中国生物多样性红色名录》无危（LC）;《IUCN 红色名录》无危（LC）。

保护区相关记录　首次记录为第一次综合科考（1984）。翁少平（2014）、张雁云（2017）也有记录。

138 白头鹎 白头翁

目 雀形目 PASSERIFORMES
科 鹎科 Pycnonntidae

Pycnonotus sinensis (Gmelin, JF, 1789)

英文名 Light-vented Bulbul

形态特征 小型鹎类，体长 17~22cm。额至头顶纯黑色且富有光泽，两眼上方至后枕白色，形成一白色枕环，耳羽后部有一白斑，此白环与白斑在黑色的头部均极为醒目，老鸟的枕羽（后头部）更洁白色，所以又叫"白头翁"。颏、喉部白色；胸灰褐色，形成不明显的宽阔胸带；腹部白色或灰白色，杂以黄绿色条纹。上体褐灰色或橄榄灰色，具黄绿色羽缘，使上体形成不明显的暗色纵纹。尾和两翅暗褐色且具黄绿色羽缘。虹膜褐色，嘴黑色，脚亦为黑色。

栖息环境 主要栖息于海拔 1000m 以下的低山丘陵和平原地区的灌丛、草地、有零星树木的疏林荒坡、果园、村落、农田地边灌丛、次生林、竹林，也见于山脚和低山地区的阔叶林、混交林、针叶林及其林缘地带。

生活习性 常成 3~5 只至 10 多只的小群活动，冬季有时亦集成 30 多只的大群。多在灌木和小树上活动，性活泼，不甚怕人，常在树枝间跳跃，或飞翔于相邻树木间，一般不做长距离飞行。善鸣叫，鸣声婉转多变。杂食性，既食动物性食物，又吃植物性食物。动物性食物主要有鞘翅目、鳞翅目、直翅目、半翅目等昆虫，也吃蜘蛛等其他无脊椎动物及蛇。植物性食物主要有野山楂、野蔷薇、寒莓、卫矛、桑椹、石楠、女贞、樱桃、苦楝、葡萄、乌桕、甘蓝、酸枣、樟、梓等植物果实与种子。

地理分布 保护区内常见，各地均有记录。浙江省各地广布。国内分布于浙江、辽宁、北京、天津、河北、河南、山东、山西、陕西、甘肃中部和南部、青海、云南东部、四川、重庆、贵州、湖北、湖南、安徽、江西、江苏、上海、福建、广东、香港、澳门、广西、海南。

繁殖 繁殖期 4—8 月。营巢于灌木或阔叶树上、竹林和针叶树上，巢距地高 1.5~7.0m。巢呈深杯状或碗状，由枯草茎、草叶、芦苇、树叶、花序、竹叶等材料构成，外径（9~12cm）×（11~13cm），内径（6~7cm）×（7~8cm），高 5.5~15.0cm，深 4~9cm。每窝产卵 3~5 枚，通常 4 枚。卵粉红色，被紫色斑点，也有呈白色而布以赭色、深灰色斑点，或呈白色而布以赭紫色斑点的，大小为（21.5~24.0mm）×（16.0~16.6mm），重 2.6~3.3g。

居留型 留鸟（R）。

保护与濒危等级 《中国生物多样性红色名录》无危（LC);《IUCN 红色名录》无危（LC）。

保护区相关记录 首次记录为第一次综合科考（1984）。翁少平（2014）、张雁云（2017）也有记录。

139 栗背短脚鹎

Hemixos castanonotus Swinhoe, 1870

目　雀形目 PASSERIFORMES
科　鹎科 Pycnonntidae

英文名　Chestnut Bulbul

形态特征　小型鹎类，体长 18~22cm。额至头顶前部、眼先、颊栗色，头顶、头顶上短的羽冠、枕逐渐转为黑栗色或黑色。上体栗色或栗褐色；尾羽暗褐色沾棕色，外侧尾羽具灰白色羽缘；两翼暗褐色，翅上小覆羽缀以栗毛，大覆羽、内侧初级飞羽和次级飞羽外翈具灰白色或黄绿色羽缘。耳羽至颈侧棕色或棕栗色。颏、喉白色，腹中央和尾下覆羽白色，其余下体白色或灰白色，胸和两胁沾灰色。虹膜褐色或红褐色，嘴黑褐色，脚暗褐色或棕褐色。

栖息环境　主要栖息于低山丘陵地区的次生阔叶林、林缘灌丛、稀树草坡灌丛及地边树林等生境中。

生活习性　常成对或成小群活动在乔木树冠层，也到林下灌木和小树上活动觅食。叫声

为响亮的责骂声及偏高的银铃般叫声"tickety boo"。杂食性，主要以植物性食物为食，也吃昆虫等动物性食物。植物性食物主要是果实与种子；动物性食物主要是鞘翅目、双翅目、鳞翅目、膜翅目、直翅目等昆虫。

地理分布　保护区内常见，各地均有记录。浙江省内见于湖州、杭州、绍兴、宁波、台州、金华、衢州、温州、丽水。国内分布于浙江、河南南部、云南东南部、贵州、湖北、湖南、安徽、江西、上海、福建、广东、香港、澳门、广西。

繁殖　繁殖期 4—6 月。营巢于小树或林下灌木枝杈上，巢距地高 1.2~12.0m。巢呈杯状，主要由草茎、草叶、草根和竹叶构成。每窝产卵 3~5 枚。卵为洋红色，被紫色斑纹或红色斑点，大小为（22.0~28.1mm）×（16.0~19.3mm）。

居留型　留鸟（R）。

保护与濒危等级　《中国生物多样性红色名录》无危（LC）；《IUCN 红色名录》无危（LC）。

保护区相关记录　首次记录为第一次综合科考（1984）。翁少平（2014）、张雁云（2017）也有记录。

140 绿翅短脚鹎

Ixos mcclellandii (Horsfield, 1840)

目　雀形目 PASSERIFORMES
科　鹎科 Pycnonntidae

英文名　Mountain Bulbul

形态特征　中型鹎类，体长 20~26cm。额至头顶、枕栗褐色或棕褐色；羽形尖，先端具明显的白色羽轴纹，到头顶后部白色羽轴纹逐渐不显和消失；颈浅栗褐色。背、肩、腰橄榄绿色或橄榄棕色。尾橄榄绿色，两翅覆羽橄榄绿色，飞羽暗褐色或黑褐色，外翈橄榄绿色。眼先沾灰白色，耳羽、颊锈色或红褐色，颈侧较耳羽稍深。颏、喉灰色，胸浅棕色或灰棕色，从颏至胸有白色纵纹，两胁淡灰棕色，尾下覆羽淡黄色，翼缘淡黄色或橄榄绿色，翼下覆羽棕白色，其余下体棕白色或淡棕黄色。虹膜暗红色、朱红色、棕红色或紫红色，嘴黑色，跗跖肉色、肉黄色至黑褐色。

栖息环境　栖息于海拔 800m 以上的山地阔叶林、针阔叶混交林、次生林、林缘疏林、竹林、稀树灌丛和灌丛草地等各类生境中，尤以林缘疏林和沟谷地带较常见，有时也出现在村寨和田边附近树林中或树上。

生活习性　常成 3~5 只或 10 多只的小群活动。多在乔木树冠层或林下灌木上跳跃、飞翔，并同时发出喧闹的叫声，鸣声清脆多变而婉转，其声似 "spi-spi-"。主要以植物果实与种子为食，也吃部分昆虫，食性较杂。植物性食物主要有野樱桃、榕果、草莓、黄泡果、蔷薇果、草籽等。动物性食物主要有鞘翅目、同翅目、双翅目、蜂、蝗虫等。

地理分布　保护区内常见，各地均有记录。浙江省内见于湖州、嘉兴、杭州、绍兴、宁波、台州、金华、衢州、温州、丽水。国内分布于浙江、河南南部、陕西南部、甘肃南部、云南北部、四川、重庆、贵州、湖北、湖南、安徽、江西、福建、广东、香港、广西。

繁殖　繁殖期 5—8 月。营巢于乔木侧枝上或林下灌木、小树上，巢距地高 1.2~12.0m。巢呈杯状，主要由草茎、草叶、草根和竹叶构成。每窝产卵 2~4 枚。卵灰白色、灰色或黄色，微缀紫色或红色斑点，大小为（22.0~28.1mm）×（16.0~19.3mm）。

居留型　留鸟（R）。

保护与濒危等级　《中国生物多样性红色名录》无危（LC);《IUCN 红色名录》无危（LC）。

保护区相关记录　首次记录为第一次综合科考（1984）。翁少平（2014）、张雁云（2017）也有记录。

141 黑短脚鹎 黑鹎

Hypsipetes leucocephalus (Gmelin, JF, 1789)

目 雀形目 PASSERIFORMES
科 鹎科 Pycnonntidae

英文名 Black Bulbul

形态特征 中型鹎类，体长 22~26cm。羽色变化较大，基本上可以分为两种类型。一种前额、头顶、头侧、颈、颏、喉等整个头、颈部均为白色，有的白色一直到胸；其余上体从背至尾上覆羽黑色，羽极具蓝绿色光泽，翅上覆羽与背同色，飞羽和尾羽黑褐色；下体自胸或自腹往后黑褐色或黑色，尾下覆羽暗褐色且具灰白色羽缘。另一种通体全黑色或黑褐色，上体羽缘亦具蓝绿色光泽，有的背和下体较灰。虹膜黑褐色，嘴鲜红色，脚橘红色。

栖息环境 冬季主要栖息在海拔 1000m 以下的低山丘陵和山脚平原地带的树林中，夏季可上到海拔 1000m 以上，通常生活在次生林、阔叶林、常绿阔叶林、针阔叶混交林及其林缘地带。

生活习性 常单独或成小群活动，有时亦集成大群，特别是冬季，集群有时达 100 只以上。性活泼，常在树冠上来回不停地飞翔，有时也在树枝间跳来跳去，或站于枝头。偶尔

也栖立于电线上，很少到地上活动。善鸣叫，有时站在树顶鸣叫，有时成群边飞边鸣，鸣声粗厉，单调而多变，显得较为嘈杂。杂食性，动物性食物主要有蜂、甲虫、蝗虫、蚂蚁、蟓象等昆虫，植物性食物主要为浆果、榕果、乌桕种子等。

地理分布 保护区内常见，各地均有记录。浙江省各地广布。国内分布于浙江、山东、云南南部、贵州、河南南部、湖北、湖南、安徽、江苏、上海、江西、福建、广东、香港、澳门、广西。

繁殖 繁殖期4—7月。营巢于山地森林中树上，巢多置于乔木水平枝上，距地高15~18m。巢呈杯状，主要由细枝、枯草、树皮、树叶、苔藓等植物材料构成，内垫松针和细草茎叶，巢外还有蛛网。每窝产卵2~4枚。卵呈卵圆形，颜色变化较大，从白色、淡红色到粉红色，被紫色、褐色或红褐色斑点。

居留型 留鸟（R）。

保护与濒危等级 《中国生物多样性红色名录》无危（LC）;《IUCN红色名录》无危（LC）。

保护区相关记录 首次记录为第一次综合科考（1984）。翁少平（2014）、张雁云（2017）也有记录。

142 褐柳莺 褐色柳莺

Phylloscopus fuscatus (Blyth, 1842)

目 雀形目 PASSERIFORMES
科 柳莺科 Phylloscopidae

英文名 Dusky Warbler

形态特征 小型鸟类，体长 11~12cm。上体褐色或橄榄褐色，两翅内侧覆羽颜色同背，其余覆羽和飞羽暗褐色，外翈羽缘较淡，呈淡褐色微缀橄榄色，内翈羽缘浅灰褐色。尾暗褐色，有的上面微沾淡棕色，羽缘亦较淡且具明显的橄榄褐色。眉纹从额基直到枕棕白色，贯眼纹暗褐色，自眼先经眼向后延伸至枕侧，颊和耳覆羽褐色且杂有浅棕色。颏、喉白色且微沾皮黄色，胸淡棕褐色，腹白色且微沾皮黄色或灰色，两胁棕褐色，尾下覆羽淡棕色，有时微沾褐色，腋羽和翅下覆羽亦为皮黄色。陈旧的夏羽上体有点灰色。幼鸟与成鸟相似，但上体较暗，眉纹淡灰白色，下体淡棕黄色。虹膜暗褐色或黑褐色；上嘴黑褐色，下嘴橙黄色、尖端暗褐色；脚淡褐色。

栖息环境 栖息于从山脚平原到海拔 4500m 的山地森林和林线以上的高山灌丛地带，尤其喜欢稀疏而开阔的阔叶林、针阔叶混交林、针叶林林缘以及溪流沿岸的疏林、灌丛，不喜欢茂密的大森林。非繁殖期也见于农田、果园和住宅附近的小块树林内。

生活习性 常单独或成对活动，多在林下、林缘、溪边灌丛与草丛中活动。喜欢在树枝间跳来跳去，不断发出近似"嘎巴–嘎巴–"或"答–答–答–"的叫声。繁殖期常站在灌木枝头从早到晚不停地鸣唱，其声似"欺–欺–欺–欺–"不断重复的连续叫声。有时站在枝头鸣叫，有时振翅在空中翱翔，有时从一个枝头飞向另一枝头，遇有干扰，则立刻落入灌丛中。主要以鞘翅目、鳞翅目、膜翅目等昆虫为食，也吃蜘蛛。

地理分布 保护区记录于黄桥。浙江省各地广布。国内见于各省份。

繁殖 繁殖期 5—7 月。通常营巢于林下或林缘与溪边灌木丛中，巢距地高 0.2~0.7m，也有直接营巢于灌丛中地上的。巢呈球形，大小为外径 12~15cm，内径 6cm，高 13~14cm，巢口开在侧面近顶端处，巢口直径为 4cm。每窝产卵 4~6 枚，通常 5 枚。卵白色，大小为（15~18mm）×（12~13mm）。

居留型 旅鸟（P）。

保护与濒危等级 《中国生物多样性红色名录》无危（LC）;《IUCN 红色名录》无危（LC）。

保护区相关记录 首次记录为翁少平（2014）。张雁云（2017）也有记录。

143　黄腰柳莺　绿豆雀、柠檬柳莺、巴氏柳莺

Phylloscopus proregulus (Pallas, 1811)

目　雀形目 PASSERIFORMES
科　柳莺科 Phylloscopidae

英文名　Yellow-rumoed Willow Warbler、Pallas's Leaf Warbler

形态特征　小型鸟类，体长 8~11cm。雌、雄羽色相似。上体包括两翼的内侧覆羽概呈橄榄绿色，头部较浓，向后渐淡；前额稍呈黄绿色；头顶中央冠纹呈淡绿黄色；眉纹显著，呈黄绿色，自嘴基直伸到头的后部；自眼先有 1 条暗褐色贯眼纹，沿着眉纹下面，向后延伸至枕部；颊和耳上覆羽为暗绿与绿黄色相杂；腰羽黄色，形成宽阔横带，故称"黄腰柳莺"。尾羽黑褐色，各羽外翈羽缘黄绿色，内翈具狭窄的灰白色羽缘；翼的外侧覆羽以及飞羽均呈黑褐色，各羽外翈均缘以黄绿色；中覆羽和大覆羽的先端淡黄绿色，形成翅上明显的 2 道翅斑；最内侧 3 级飞羽亦具白端。下体苍白色，稍沾黄绿色，两胁、腋羽和翅下覆羽犹然。尾下覆羽黄白色，翼缘黄绿色。虹膜暗褐色；嘴黑褐色，下嘴基部暗黄色；脚淡褐色。

栖息环境　繁殖期主要栖息于针叶林和针阔叶混交林，从山脚平原一直到山上部林缘疏林地带皆有栖息，有时也栖息于阔叶林。迁徙季节常活动在林缘次生林、疏林、灌丛中。

生活习性　繁殖期单独或成对活动在高大的树冠层中。性活泼，行动敏捷，常在树顶枝叶间跳来跳去寻觅食物，或站在高大的针叶林树顶枝间鸣叫，鸣声清脆、洪亮，数十米外即能听到，似"tivi-tivi-tivi-"连续不断地反复鸣叫，有点像蝉鸣。由于黄腰柳莺个体较小，站得又高，加之茂密树叶的遮挡，通常很难发现。食物主要为昆虫，最喜食双翅目蝇类昆虫，也吃蚂蚁、鳞翅目幼虫、蜘蛛等无脊椎动物。

地理分布　保护区记录于双坑口、洋溪、碑排等地。浙江省各地广布。国内见于各省份。

繁殖　繁殖期 6—8 月。通常营巢于针叶树的侧枝上，距离地面 2.2~6.0m，通常用树皮纤维将巢悬吊或固定于茂密的松树细枝间，极为隐蔽。巢呈球形或椭圆形，侧面开孔；外层材料为苔藓或树皮纤维，中层为干草茎和草叶，内层为苔藓，内垫兽毛和鸟类羽毛；巢外径 8.0~9.2cm，内径 2.5~3.0cm，高 8.5cm，深 7.5cm。营巢活动由雌、雄鸟共同承担，但以雌鸟为主，筑巢需 1 个星期。巢筑好后即开始产卵，每窝产卵 5~6 枚。卵呈卵圆形，白色，其上被红棕色或紫色斑点，大小为（12.0~12.5mm）×（15.0~16.0mm），重约 1.1g。产完卵后即开始孵卵，由雌鸟承担，孵化期 10~11 天。

居留型　冬候鸟（W）。

保护与濒危等级　《中国生物多样性红色名录》无危（LC）;《IUCN 红色名录》无危（LC）。

保护区相关记录　首次记录为翁少平（2014）。张雁云（2017）也有记录。

145 极北柳莺 铃铛雀、北寒带柳莺

Phylloscopus borealis (Blasius, JH, 1858)

目　雀形目 PASSERIFORMES
科　柳莺科 Phylloscopidae

英文名　Arctic Warbler

形态特征　小型鸟类，体长 11~13cm。雌、雄羽色相似。上体由额至尾概呈灰橄榄绿色，腰和尾上覆羽稍淡和较绿；眉纹黄白色，长而明显；自眼先、鼻孔延伸至枕部的 1 条贯眼纹长而宽阔，呈黑褐色；颊部和耳上覆羽淡黄绿色且混杂橄榄绿色。飞羽黑褐色，各羽外翈羽缘橄榄绿色或暗绿色，内翈具极狭窄的灰白色羽缘。大覆羽先端淡黄色，形成 1 道翅斑，有时不明显。尾羽黑褐色，外翈羽缘灰橄榄绿色，内侧羽缘具狭窄的灰白色，尤以外侧几对尾羽明显。下体白色沾黄色，尾下覆羽更为浓著，两胁缀以灰绿色。翅下覆羽和腋羽白色微沾黄色。虹膜暗褐色；上嘴深褐色，下嘴黄褐色；跗跖和趾肉色。

栖息环境　主要栖息于针叶林、稀疏的阔叶林、针阔叶混交林及其林缘的灌丛地带，在河谷和离水源不远的针阔叶混交林、针叶林中较常见，迁徙期间也见于林缘次生林、人工林、果园、庭院、道旁和宅旁小林内。

生活习性　繁殖期常单独或成对活动，迁徙季则多成群，有时也与其他柳莺混群。性活泼，动作轻快、敏捷，常在树木枝叶间跳跃和飞来飞去，也在灌木丛中觅食。叫声洪亮，不时地发出"drr-drr"和"tzet-tzet"的叫声；繁殖期常站在树冠顶枝上鸣叫，鸣叫声为不断重复的一种单调声，其声似"tze-tze-tze-"或"tzi-tzi-tzi-"。所吃的昆虫主要是蛾类幼虫，其次是成虫及卵，还有蜷象、叶甲、象甲、蝇类等，偶尔吃幼嫩树茎、草籽。

地理分布　保护区记录于上芳香。浙江省各地广布。除海南外，分布于国内各省份。

繁殖　繁殖期 6—7 月。通常在到达繁殖地之后不久即开始成对活动和寻觅巢址，雄鸟在巢域中不停鸣叫和进行求偶活动，大都在山区潮湿针叶林及针阔叶混交林中，营巢于地面上，亦有在树桩和倒木上筑巢。巢呈半球形或球形，主要由草茎、针叶、问荆、细根、地衣、苔藓编织而成，内垫以细草茎、兽毛。每窝产 4~7 枚卵，多为 5~6 枚。卵呈白色，钝端有暗红褐色小斑点，大小为（15.0~17.5mm）×（12.0~12.5mm）。雏鸟晚成性。

居留型　冬候鸟（W）。

保护与濒危等级　《中国生物多样性红色名录》无危（LC）；《IUCN 红色名录》无危（LC）。

保护区相关记录　2020 年科考新增物种。

146 冕柳莺 东冠莺

Phylloscopus coronatus (Temminck & Schlegel, 1845)

目 雀形目 PASSERIFORMES
科 柳莺科 Phylloscopidae

英文名 Eastern Crowned Willow Warbler、Eastern Crowned Warbler

形态特征 小型鸟类，体长 11~12cm。雌、雄两性羽色相似。上体概呈橄榄绿色；头顶羽色较深暗，富于褐色；头部中央有 1 条淡黄色冠纹；眉纹前端黄色，后端淡黄色或黄白色；自鼻孔穿过眼部一直延伸至枕部的贯眼纹呈暗褐色；背部橄榄绿色往后逐渐变淡，至腰及尾上覆羽转为淡黄绿色；飞羽暗褐色，外翈边缘黄绿色；大覆羽先端淡黄色，形成 1 道翅斑；尾羽亦呈暗褐色，2 对最外侧尾羽的内翈具狭窄白色羽缘。下体银白色，并若隐若现地稍沾黄色；胁部沾灰色；尾下覆羽辉黄色，或呈淡绿黄色。虹膜褐色或暗褐色；上嘴黑褐色，下嘴角黄白色或黄褐色；跗跖和爪墨绿褐色或铅褐色。

栖息环境 主要栖息于 2000m 以下的山地针叶林、针阔叶混交林、阔叶林及其林缘地带，尤以林缘河谷、路旁疏林和灌丛地带较常见。

生活习性 常单独或成对活动，迁徙期间亦成群，有时亦与其他柳莺混群，多活动在树冠层枝叶间。性活泼，不停在枝叶间跳跃觅食，或从一棵树飞向另一棵树，有时也到林下灌丛中觅食。繁殖期叫声清脆、洪亮，离 100m 左右亦能听见。主要以昆虫为食，包括有尺蠖蛾科幼虫、螟蛾科幼虫，以及半翅目、鞘翅目、膜翅目、蜉蝣目等昆虫。

地理分布 保护区记录于双坑口。浙江省各地广布。除宁夏、青海、海南外，分布于国内各省份。

繁殖 繁殖期 6—7 月。多在山地次生林或针阔叶混交林林缘繁殖。巢多置于山边或溪边岩坡缝隙或凹穴内，呈球形或杯形，侧面开口，主要由枯草茎、枯草叶、苔藓等构成，外径 9~12cm，内径 5~7cm，高 9~10cm，深 7~9cm。每窝产 4~7 枚卵。卵纯白色，光滑无斑，大小为（15.5~17.0mm）×（12.0~13.0mm）。

居留型 旅鸟（P）。

保护与濒危等级 《中国生物多样性红色名录》无危（LC）;《IUCN 红色名录》无危（LC）。

保护区相关记录 2020 年科考新增物种。

147　华南冠纹柳莺　冠纹柳莺

Phylloscopus goodsoni Hartert, 1910

目　雀形目 PASSERIFORMES
科　柳莺科 Phylloscopidae

英文名　Hartert's Leaf Warbler

形态特征　小型鸟类，体长 10~11cm。雌、雄羽色相似。上体橄榄绿色；头顶较暗，稍沾灰黑色，中央冠纹淡黄色；眉纹长而明显，呈淡黄色；贯眼纹自鼻孔穿过眼睛，向后延伸至枕部，呈暗褐色；颊和耳羽淡黄和暗褐色相杂；翅和尾羽黑褐色，各羽外翈边缘与背同色；最外侧 2 对尾羽的内翈具白色狭缘；大覆羽和中覆羽的尖端淡黄绿色，形成 2 道翅斑。下体白色，微沾灰色，胸部稍缀以黄色条纹；尾下覆羽为沾黄的白色。虹膜褐色或暗褐色；上嘴褐色或暗褐色，下嘴褐色；脚淡褐色或角褐色。

栖息环境　栖息于山地针叶林、针阔叶混交林、常绿阔叶林和林缘灌丛地带，秋冬季节下移到低山或山脚平原地带。

生活习性　除繁殖期成对或单只活动外，多见 3~5 只成小群活动或与其他柳莺混群觅食，多活动在树冠层、林下灌丛、草丛中，尤其在河谷、溪流、林缘灌丛及小树丛中常见。食

物主要为昆虫，如鞘翅目（金龟甲、瓢甲、金花甲、象甲等）、鳞翅目（毛虫等）、膜翅目（蚂蚁、蜂等）、双翅目（蝇等）。

地理分布 保护区记录于双坑口、上芳香等地。浙江省内见于湖州、杭州、衢州、温州、丽水。国内分布于浙江、贵州、湖北、安徽、上海、福建西北部、广东、澳门、广西、台湾。

繁殖 繁殖期5—7月。营巢于林缘和林间空地等开阔地带的岸边陡坡岩穴或树洞中。巢由绿色的苔藓构成精致的球形，有时还增添枯叶和地衣，内垫柔软的植物纤维或偶见羽毛。每窝产4~5枚卵。卵呈白色，光滑无斑点，偶尔有少许红色斑点，大小为（13.6~17.0mm）×（10.9~13.0mm）。双亲共同孵卵，雌鸟承担更多的孵卵工作。杜鹃类常产卵于巢中由柳莺代孵。

居留型 留鸟（R）。

保护与濒危等级 《中国生物多样性红色名录》无危（LC）；《IUCN红色名录》无危（LC）。

保护区相关记录 保护区记载的冠纹柳莺，实为该种。首次记录为翁少平（2014）。张雁云（2017）也有记录。

148　黑眉柳莺　黄胸柳莺

Phylloscopus ricketti (Slater, 1897)

目　雀形目 PASSERIFORMES
科　柳莺科 Phylloscopidae

英文名　Black-browed Willow Warbler

形态特征　小型鸟类，体长 9~10cm。雌、雄羽色相似。上体绿色；头顶中央有 1 条宽阔的淡绿黄色中央冠纹，从额基一直到后颈极为显著；中央冠纹两侧为黑色或灰黑色，形成 2 条甚为宽阔的黑色侧冠纹，从额基沿中央冠纹两侧到后颈；紧邻侧冠纹有 1 条黄色眉纹；贯眼纹淡黑色，从眼先经眼到眼后；颊和耳覆羽淡黄色沾绿色。背、肩、腰和尾上覆羽橄榄绿色或亮绿色；两翅和尾暗褐色，外缘黄绿色，翅中覆羽和大覆羽尖端淡黄色或淡黄绿色，形成 2 道黄色翅斑，最外侧 1 对尾羽内翈羽缘黄白色。下体鲜黄色，两胁沾绿色，腋羽和翅下覆羽白色沾黄色。虹膜暗褐色；上嘴褐色或黑褐色，下嘴黄色或橙黄色；脚淡绿褐色或紫绿色。

栖息环境　主要栖息于海拔 2000m 以下的低山阔叶林和次生林中，也栖息于混交林、针叶林、林缘灌丛和果园。

生活习性　除繁殖期单独或成对活动外，其他时候多成群，也常与其他小鸟混群活动和觅食。性活泼，常在树上枝叶间跳来跳去，或从一棵树快速飞向另一棵树，也在林下灌丛中活动和觅食。鸣声响亮，为近似连续的"匹啾 – 匹啾"或"匹儿 – 匹儿"声。主要以昆虫为食。

地理分布　保护区记录于金竹坑、杨寮。浙江省内见于杭州、宁波、舟山、温州、丽水。国内分布于浙江、河南、陕西、甘肃东南部、云南东南部、四川、重庆、贵州、湖北、湖南、江西、上海、福建、广东、香港、广西。

繁殖　繁殖期 4—7 月。通常营巢于林下或森林边洞穴中。巢呈球形，全由苔藓构成。每窝产卵 6 枚。卵白色，光滑无斑，大小为（15.5~16.5mm）×（10.5~12.5mm）。

居留型　夏候鸟（S）。

保护与濒危等级　《中国生物多样性红色名录》无危（LC）;《IUCN 红色名录》无危（LC）。

保护区相关记录　首次记录为第一次综合科考（1984）。

149 白眶鹟莺

Seicercus affinis Horsfield et Moore,1846

目　雀形目 PASSERIFORMES
科　柳莺科 Phylloscopidae

英文名　White-spectacled Warbler

形态特征　小型鸟类，体长约 10cm。雌、雄羽色相似。头顶中央从前额到后枕蓝灰色，头顶两侧和枕侧黑色；眼先黄绿色，其上面几乎白色；眼周白色，其上缘被一小黑斑间断，眉纹蓝灰色而沾绿色；耳羽和头侧蓝灰色。上体和两翅外表亮橄榄绿色，翅上大覆羽尖端黄色，形成一明显的黄色翅斑。尾橄榄绿色，外侧 2 对尾羽内翈大部分为白色，有时第 3 枚尾羽内翈尖端白色。下体亮黄色，两胁沾橄榄色，腋羽和翅下覆羽亦为亮黄色。虹膜褐色；上嘴角褐色，下嘴黄肉色或黄色；脚角黄色到黄肉色。

栖息环境　繁殖期主要栖息于海拔 1000m 以下的潮湿而茂密的常绿阔叶林中，冬季多下到低山和山脚地带的次生林、混交林和林缘灌丛中。

生活习性　性极活跃而大胆，不甚怕人。常单独或成对活动在林中树木间，也到林下灌木上活动和觅食。有时栖息在固定的枝头，待有昆虫飞来，才突然飞去捕之；有时积极地在枝叶上跳跃啄食。主要以昆虫为食，也吃蜘蛛。

地理分布　保护区记录于石佛岭、双坑口、上芳香等地。浙江省内见于宁波、温州、丽水。国内分布于浙江、云南南部、江西东北部、福建西北部、广东、广西。

繁殖　繁殖期 4—6 月。通常营巢于常绿阔叶林、松林中的岩坡或沟谷边地上，有时也在倒木或树桩上、苔藓植物中营巢。巢为球形，主要由绿色苔藓构成，有时也混杂少许细根和枯叶，内垫苔藓和柔软的韧皮纤维。每窝产卵 4~5 枚。卵白色，光滑无斑，大小为（14.1~16.3mm）×（12.1~13.1mm）。

居留型　夏候鸟（S）。

保护与濒危等级　《中国生物多样性红色名录》无危（LC）;《IUCN 红色名录》无危（LC）。

保护区相关记录　首次记录为第一次综合科考（1984）。翁少平（2014）、张雁云（2017）也有记录。

150 栗头鹟莺

Seicercus castaniceps (Hodgson, 1845)

目　雀形目 PASSERIFORMES
科　柳莺科 Phylloscopidae

英文名　Chestnut-crowned Warbler

形态特征　小型鸟类，体长 75~100mm。前额、头顶至后枕棕栗色，侧冠纹前部较狭，呈灰黑色，向后逐渐变粗呈黑色，枕侧杂白色斑纹；眼先灰白色，眼圈白色；颊和耳羽灰色，杂灰黑色细纹；上背和肩灰色，下背橄榄绿色，腰和尾上覆羽鲜黄色；翅上覆羽、飞羽和尾羽黑褐色，外缘橄榄绿色，大、中覆羽具淡黄色端斑，形成 2 道翅斑。颏、喉和胸灰色，中央较淡，呈灰白色，延伸至上腹部中央；上腹部两侧、下腹部、胁部、翅下覆羽、腋羽及尾下覆羽亮黄绿色；最外侧 2 对尾羽内翈纯白色。虹膜暗褐色；上嘴黑褐色，下嘴黄褐色；跗跖、趾、爪淡黄褐色。

栖息环境　栖息于海拔 2000m 以下的低山和山脚阔叶林、林缘疏林或灌丛。

生活习性　繁殖期常单独或成对活动，非繁殖期多成 3~5 只的小群，有时与柳莺、雀鹛等其他小鸟混群。多活动在林下灌木丛和竹丛中，有时也在林缘和山边灌丛。行动敏捷，

繁殖期鸣声响亮、清脆，其声似"欺、欺、欺、欺欺"的不断重复的单调声音。主要以昆虫为食，也吃少量种子。

地理分布　保护区记录于上芳香。浙江省内见于湖州、杭州、温州、丽水。国内分布于浙江、河北、河南、陕西南部、甘肃南部、四川、重庆、贵州、湖北、湖南、安徽、江西、上海、福建、广东、香港、广西。

繁殖　繁殖期5—7月。通常营巢于树根下的土坎、溪岸和岩石边的洞穴中。巢呈球形或梨形，主要由苔藓和细根编织而成，内垫厚厚的一层苔藓，开口于顶端侧面，外径10.8cm，底部内径8.6cm，端部内径4.5cm，高12.5cm。每窝产卵4~5枚。卵椭圆形，纯白色，光滑无斑，大小为（13.6~16.0mm）×（11.0~12.2mm）。雌、雄亲鸟轮流孵卵。雏鸟晚成性。

居留型　夏候鸟（S）。

保护与濒危等级　《中国生物多样性红色名录》无危（LC）;《IUCN红色名录》无危（LC）。

保护区相关记录　首次记录为第一次综合科考（1984）。翁少平（2014）、张雁云（2017）也有记录。

151 鳞头树莺 短尾莺

Urosphena squameiceps (Swinhoe, 1863)

目 雀形目 PASSERIFORMES
科 树莺科 Cettiidae

英文名 Asian Stubtail、Scaly-headed Bush Warbler

形态特征 小型鸟类，体长 8~10cm。雌、雄羽色相似。上体棕褐色或橄榄褐色；额和头顶羽毛圆、短，深棕褐色或橄榄褐色，缀以暗褐色狭窄的鳞状斑纹；眉纹细长，较明显，呈白色或淡皮黄色，从额基延眼上向后一直到颈侧；自鼻孔、眼先向后延伸至枕部的贯眼纹，呈黑褐色；尾短，中央 1 对尾羽与背同呈棕褐色，外侧尾羽暗褐色，但羽缘仍为棕褐色，使尾外表仍保持同一色彩。两翅覆羽和飞羽暗褐色，外缘棕褐色。颊和颈侧白色沾棕色，耳羽棕褐色且具纤细的黄褐色羽干纹。颏、喉和腹等下体污白色，胸缀皮黄色或棕色，两胁棕色或棕褐色；肛周和尾下覆羽皮黄色或黄褐色。虹膜黑褐色；上嘴褐色；下嘴肉色或黄褐色；脚粉红白色或黄白色。

栖息环境 主要栖息于 1500m 以下的低山、山脚混交林及其林缘地带，尤以林中河谷溪流沿岸的僻静的密林深处较常见，偶尔出现于落叶阔叶林和针叶林。

生活习性 常单个或成对地活动于林下灌丛、草丛、地面和倒木下，也在腐木堆、树根和堆集在地面的枯枝间活动，亦见于溪岸岩石间，但很少见其到高大的树冠层活动。繁殖期几乎整天鸣唱不停，声音尖细清脆，似蝉和蟋蟀的叫声。觅食时多出入于倒木、树枝、树根和溪岸岩石中，不停地进进出出、跳来跳去，行动极为轻快灵活。主要以昆虫为食，包括鳞翅目、双翅目、蚂蚁、小蜂和叩甲等，繁殖期全以动物性食物为食。

地理分布 早期科考资料有记载，但本次调查未见。浙江省内见于杭州、宁波、舟山、温州、丽水。国内分布于浙江、黑龙江、吉林东部、辽宁、北京、天津、河北、山东、河南、内蒙古中部和东北部、云南南部、四川南部、贵州、湖北、湖南、江西、江苏、上海、福建、广东、澳门、广西、海南、台湾。

繁殖 繁殖期 5—8 月。营巢于山区森林的地面上，如混交林地面凹陷处，尤其喜欢在树根、倒木下地面凹陷处，以及倒木树洞中营巢。巢呈碗状，主要由苔藓及少量树叶构成，内垫以细草根、兽毛，外径 12~14cm，内径 6.0~7.5cm，高 6.0cm，深 2.5~3.0cm。巢筑好后即开始产卵，每窝产 5~6 枚卵。卵呈椭圆形，灰色，缀以赤褐色斑纹，平均大小为 16.9mm×13.0mm，重 1.7~1.9g。雏鸟晚成性，由雌、雄亲鸟轮流育雏。

居留型 旅鸟（P）。

保护与濒危等级 《中国生物多样性红色名录》无危（LC）；《IUCN 红色名录》无危（LC）。

保护区相关记录 首次记录为翁少平（2014）。张雁云（2017）也有记录。

152　远东树莺　日本树莺

Horornis canturians (Swinhoe, 1860)

目　雀形目 PASSERIFORMES
科　树莺科 Cettiidae

英文名　Manchurian Bush Warbler

形态特征　小型鸟类，体长 14~18cm。雌、雄羽色相似。上体概呈棕褐色，前额、头顶特别鲜亮，腰和尾上覆羽的色泽较浅；眉纹自嘴基沿眼上方伸至颈侧，呈淡皮黄色；贯眼纹自眼先穿过眼睛向后延伸至枕，呈深褐色；颊及耳羽呈淡褐和黄白色相混杂；飞羽暗棕褐色，各羽外翈与背同呈棕褐色；尾羽亦暗棕褐色，但较淡。下体污白色，胸、两胁和尾下覆羽沾皮黄色。无翅斑或顶纹。虹膜褐色；上嘴褐色，下嘴色浅；脚粉红色。

栖息环境　栖息于海拔 1100m 以下低山丘陵和山脚平原地带的林缘疏林、次生林、灌丛中。

生活习性　常单独或成对活动。性胆怯，善于藏匿，多在灌丛、草丛下部低枝间或地面活动和觅食，一般不易见到。繁殖期喜欢站在高的灌木和幼树顶枝间鸣叫，一见人则立刻

降到灌丛中，并较长时间不再鸣叫，在人未离开时即恢复鸣叫，亦多是躲藏在茂密的枝叶间，仅听其声，不见其影。主要以昆虫为食。

地理分布 早期科考资料有记载，但本次调查未见。浙江省各地广布。国内分布于浙江、北京、山东、河南、山西、陕西、甘肃南部、云南、四川、重庆、贵州、湖北、湖南、安徽、江西、江苏、上海、福建、广东、广西、海南、台湾。

繁殖 繁殖期5—7月。巢筑于林缘地边或灌丛中，距地面高0.5m以下。巢呈球形或椭圆形，巢口开在上部，用草叶、草茎、草根、树皮、树叶筑成，内垫以细草茎、兽毛和羽毛，外径8~9cm，内径5~6cm，深6~7cm。每窝产卵3~6枚，多为4~5枚。卵椭圆形，呈咖啡红色至酒红色，微具暗色斑点，大小为（19.3~23.0mm）×（14.9~18.0mm），重1.8~3.2g。孵卵主要由雌鸟承担，雄鸟常在巢附近鸣叫和警戒，孵化期15天左右。

居留型 冬候鸟（W）。

保护与濒危等级 《中国生物多样性红色名录》无危（LC）;《IUCN红色名录》无危（LC）。

保护区相关记录 首次记录为翁少平（2014）。张雁云（2017）也有记录。

153　强脚树莺　山树莺、告春鸟、棕胁树莺

Horornis fortipes Hodgson, 1845

目　雀形目 PASSERIFORMES
科　树莺科 Cettiidae

英文名　Brownish-flanked Bush-warbler

形态特征　小型鸟类，体长 10~12cm。雌、雄羽色相似。上体概橄榄褐色，自前向后逐渐转淡；腰和尾上覆羽深棕褐色；自鼻孔向后延伸至枕部的细长而不明显的眉纹呈淡黄色；眼周淡黄色；自嘴向后伸至颈部的贯眼纹呈暗褐色；颊和耳上覆羽棕色和褐色相混杂；尾羽和飞羽暗褐色，外翈边缘与背同色。颊、喉及腹部中央白色，但稍沾灰色；胸侧、两胁灰褐色；尾下腹羽黄褐色。虹膜褐色或淡褐色；嘴褐色，上嘴有的黑褐色，下嘴基部黄色或暗肉色；脚肉色或淡棕色。

栖息环境　主要栖息于海拔 2000m 以下中低山常绿阔叶林及林缘疏林、灌丛、竹丛、草丛中，冬季也出没于山脚和平原地带的果园、茶园、耕地、村舍竹丛或灌丛中。

生活习性　常单独或成对活动。性胆怯而善于藏匿，总是偷偷摸摸躲在林下灌丛或草丛中活动和觅食，一般难以见到，不善飞翔，常敏捷地在茂密的灌丛枝叶间不停跳跃穿梭或在地面奔跑。迫不得已时也起飞，但通常飞不多远又落下。活动时常发出 "zhe，zhe，zhe" 的叫声，常常只闻其声，不见其影。春夏之间常发出 "er-jinsui" 或 "er-jinsui qi" 的叫声，清脆而洪亮，从早到晚久鸣不休。主要以昆虫为食，包括鞘翅目、膜翅目、双翅目等，也吃少量植物果实、种子。

地理分布　保护区内常见，各地均有记录。浙江省各地广布。国内分布于浙江、北京、河南、山西、陕西南部、甘肃南部、云南东南部、四川、重庆、贵州、湖北、湖南、安徽、江西、江苏、上海、福建、广东、香港、广西。

繁殖　繁殖期 5—8 月。巢筑于草丛和灌丛上，距地面高 0.7~1.0m。巢呈杯形，巢口位于侧面，用草叶、草茎、草穗或树皮筑成，内垫以细草茎和羽毛，外径 6~8cm，内径 4cm，高 13~15cm，深 6~7cm。每窝产卵 3~5 枚，多为 4 枚。卵椭圆形，呈咖啡红色至酒红色，微具暗色斑点，大小为（16~18mm）×（13~14mm），重约 1.6g。孵卵主要由雌鸟承担，雄鸟常在巢附近鸣叫和警戒。雏鸟晚成性。

居留型　留鸟（R）。

保护与濒危等级　《中国生物多样性红色名录》无危（LC）；《IUCN 红色名录》无危（LC）。

保护区相关记录　首次记录为第一次综合科考（1984）。翁少平（2014）、张雁云（2017）也有记录。

154 **棕脸鹟莺** 棕面莺

Abroscopus albogularis (Moore, F, 1854)

目　雀形目 PASSERIFORMES
科　树莺科 Cettiidae

英文名　Rufous-faced Warbler

形态特征　小型鸟类，体长 9~10cm。雌、雄羽色相似。前额、头侧、颈侧淡茶黄栗色，头顶和枕淡赭橄榄色或棕褐色，头顶两侧各有一长的黑色纵纹从前额一直延伸到枕侧。背、肩和翅上黄橄榄绿色，腰淡黄白色。飞羽褐色或黑褐色，外翈羽缘亮黄绿色。尾淡褐色或淡棕褐色，羽缘淡绿色。颏黄色。喉白色且杂以黑色纵纹，形成黑白斑驳状。上胸黄色，常常形成 1 条窄的黄色胸带，横跨于上胸。两胁和尾下覆羽黄色，其余下体白色，腋羽和翅下覆羽淡黄色。华南亚种较其他 2 个亚种脸部棕红色较重，上体色较深。虹膜栗褐色；上嘴褐色或淡褐色，下嘴黄色；脚绿灰色。

栖息环境　主要栖息于海拔 2500m 以下的阔叶林和竹林中，常在树林和竹林上层，也在林下灌木和林缘疏林中活动。

生活习性　繁殖期多单独或成对活动，其他季节亦成群，有时也与其他种类的小鸟混群。频繁在树枝间飞来飞去，多在空中飞翔捕食。鸣声单独清脆，其声似"铃、铃、铃"。主要以鞘翅目、鳞翅目、直翅目等昆虫为食，也吃蜘蛛等其他无脊椎动物。

地理分布　保护区内常见，各地均有记录。浙江省内见于湖州、嘉兴、杭州、绍兴、宁波、台州、金华、衢州、温州、丽水。国内分布于浙江、河南南部、陕西南部、甘肃南部、云南东北部、四川、重庆、贵州、湖北、湖南、安徽、江西、福建、广东、香港、广西、海南、台湾。

繁殖　繁殖期 4—6 月。主要营巢于竹林和稀疏的常绿阔叶林中，巢多置于枯死的竹子洞中，内垫竹叶、苔藓和纤维。每窝产卵 3~6 枚。卵淡粉红色，被朱红色或紫灰色斑点，大小为（13.3~15.5mm）×（10.5~12.0mm）。

居留型　留鸟（R）。

保护与濒危等级　《中国生物多样性红色名录》无危（LC）;《IUCN 红色名录》无危（LC）。

保护区相关记录　首次记录为第一次综合科考（1984）。翁少平（2014）、张雁云（2017）也有记录。

155 红头长尾山雀 红头山雀

Aegithalos concinnus (Gould, 1855)

目	雀形目 PASSERIFORMES
科	长尾山雀科 Aegithalidae

英文名 Black-throated Tit

形态特征 小型鸟类，体长 9.5~11cm。雌、雄羽色相似，但因亚种不同而羽色略有变化。指名亚种额、头顶和后颈栗红色，眼先、头侧和颈侧黑色；其余上体暗蓝灰色，腰部羽端浅棕色；飞羽黑褐色，除第 1~2 枚飞羽外，其余飞羽外翈具蓝灰色羽缘，内侧次级飞羽内翈微沾玫瑰红色，初级覆羽黑褐色。尾黑褐色，中央尾羽微沾蓝灰色，最外侧 3 对尾羽具楔状白色端斑，最外侧 1 对尾羽外翈白色，其余尾羽外翈羽缘蓝灰色。颏、喉白色，喉部中央有一大形绒黑色块斑；胸、腹亦为白色，胸部有一宽的栗红色胸带，两胁和尾下覆羽亦为栗红色，腋羽和翼下覆羽白色。云南亚种和指名亚种大致相似，但头顶栗红色较淡，胸带和两胁栗红色较暗且胸带亦较细窄。西藏亚种与指名亚种相似，但具白色眉纹，眉纹以下、眼先、眼周和耳羽黑色，颏和腭纹白色，喉有一黑斑，其余下体淡棕黄色，胸部有一淡色横带，位于黑色喉部和淡棕黄色胸部之间。虹膜橘黄色，嘴蓝黑色，脚棕褐色。

栖息环境 主要栖息于山地森林和灌木林间，也见于果园、茶园等人类居住地附近的小树林内。

生活习性 常 10 余只成群活动。性活泼，常从一棵树突然飞至另一棵树，不停地在枝叶间跳跃或来回飞翔觅食，边取食边不停地鸣叫，叫声低弱，似"吱－吱－吱"。主要以鞘翅目、鳞翅目等昆虫为食。

地理分布 保护区内常见，各地均有记录。浙江省各地广布。国内分布于浙江、山东、河南南部、陕西南部、内蒙古中部、甘肃南部、四川中部、重庆、贵州、湖北、湖南、安徽、江西、江苏、上海、福建、广东、香港、广西、台湾。

繁殖 繁殖期 1—9 月。营巢在柏树上，距地高 1~9m。巢为椭圆形，主要用苔藓、细草、鸡毛和蜘蛛网等材料构成，内垫羽毛，直径 7~12cm，高 7.5~10.2cm，深 4.5~7.6cm，巢口开在近顶端的一侧，也有少数开口于顶端。巢筑好后即开始产卵，每天 1 枚，每窝产卵 5~9 枚。产卵期间亲鸟还继续衔羽毛垫巢和盖卵。卵白色，钝端微具晕带，大小为（13~16mm）×（10~11mm），重 0.6~0.8g。卵产齐后开始孵卵，由雌、雄亲鸟轮流承担，以雌鸟为主，坐巢时间明显较雄鸟长，孵化期 16 天。雌、雄亲鸟共同育雏，雏鸟出巢后先随亲鸟在巢附近树枝间练习飞行和觅食，再逐渐远离巢区飞走。

居留型 留鸟（R）。

保护与濒危等级 《中国生物多样性红色名录》无危（LC）;《IUCN 红色名录》无危（LC）。

保护区相关记录 首次记录为第一次综合科考（1984）。翁少平（2014）、张雁云（2017）也有记录。

156 灰头鸦雀 金色鸟形山雀

Psittiparus gularis (Gray, GR, 1845)

目 雀形目 PASSERIFORMES
科 莺鹛科 Sylviidae

英文名 Grey-headed Parrotbill

形态特征 小型鸟类，体长 16~18cm。雌、雄羽色相似。前额黑色，头顶至后颈灰色或深灰色；眼先白色或淡灰色，眼圈白色，眼后、耳羽和颈侧灰色或淡灰色，眼上有一长而粗著的黑色眉，向前延伸至额侧，与黑色的额部相连为一体，向后延伸在颈侧，极为醒目。背、肩、腰和尾上覆羽红褐色或棕褐色，两翅和尾表面同背。外侧飞羽外翈同背，内翈暗褐色或黑褐色。颏、颊白色，有的颏微具黑点，喉中部黑色。胸、腹等其余下体概为白色。虹膜褐色，嘴橙黄色，脚趾铅褐色或黑褐色。

栖息环境 主要栖息于海拔 1800m 以下的山地常绿阔叶林、次生林、竹林和林缘灌丛中。

生活习性 除繁殖期成对或单独活动外，其他季节多成 3~5 只至 10 多只的小群，有时亦见成 20~30 只的大群，在林下灌丛或竹丛中活动。性活泼，行动敏捷，频繁地在灌木枝间

跳跃或飞来飞去，有时亦飞到树顶活动，偶尔下到地上草丛中觅食。主要以昆虫为食，也吃植物果实和种子。

地理分布　保护区记录于上芳香等地。浙江省内见于湖州、杭州、绍兴、宁波、台州、金华、衢州、温州、丽水。国内分布于浙江、陕西南部、云南南部、四川、重庆、贵州、湖北、湖南、安徽、江西、江苏、上海、福建、广东、广西。

繁殖　繁殖期 4—6 月。通常营巢于林下幼树或竹林枝杈间。巢呈杯状，主要由竹叶和枯草构成，并网以蜘蛛网，外径 10cm，内径 6.5cm，高 8.7cm，深 5cm。每窝产卵 2~4 枚，多为 3 枚。卵为椭圆形或宽卵圆形，淡绿色，被淡紫色深层斑、淡草黄色与褐色浅层发丝状细纹和细斑，大小为（22~23mm）×（17~18mm）。

居留型　留鸟（R）。

保护与濒危等级　《中国生物多样性红色名录》无危（LC）;《IUCN 红色名录》无危（LC）。

保护区相关记录　首次记录为第一次综合科考（1984）。翁少平（2014）、张雁云（2017）也有记录。

157　棕头鸦雀

Sinosuthora webbiana (Gould, 1852)

目　雀形目 PASSERIFORMES
科　莺鹛科 Sylviidae

英文名　Vinous-throated Parrotbill

形态特征　小型鸟类，体长 11~13cm。雌、雄羽色相似。额、头顶至后颈有时直到上背均为红棕色或棕色，头顶羽色稍深，眼先、颊、耳羽和颊侧棕栗色或暗灰色。背、肩、腰和尾上覆羽棕褐色或橄榄褐色，有的微沾色而呈橄榄灰褐色。尾羽暗褐色，基部外翈羽缘橄榄褐色或稍沾橄榄褐色，中央 1 对尾羽多为橄榄褐色，且具隐约可见的暗色横斑。两翅覆羽棕红色与背相似，飞羽多为褐色或暗褐色，除小覆羽和第 1 枚飞羽外，其余各羽外翈均缀有深淡不一的栗色或栗红色，往先端逐渐变淡，内翈羽缘淡棕色或淡玫瑰棕色。颏、喉、胸粉红棕色或淡棕色，且具细微的暗红棕色纵纹，腹两侧、两胁和尾下覆羽橄榄褐色或灰褐色，腹中部淡棕黄色或棕白色。虹膜暗褐色，嘴黑褐色，脚铅褐色。

栖息环境　主要栖息于中低山阔叶林和混交林林缘灌丛地带，也栖息于疏林草坡、竹丛、矮树丛和高草丛中，冬季多下到山脚和平原地带的地边灌丛、果园、庭院、苗圃、沼泽中活动，甚至出现于城镇公园，一般不进入茂密的大森林。

生活习性　常成对或成小群活动，秋冬季节有时也集成 20~30 只乃至更大的群。性活泼而大胆，不甚怕人，常在灌木或小树枝叶间攀缘跳跃，或从一棵树飞向另一棵树，一般都短距离低空飞翔，不做长距离飞行。常边飞边叫或边跳边叫，鸣声低沉而急速，较为嘈杂，其声似 "dz-dz-dz-dzek-"。主要以蜡象、鞘翅目和鳞翅目等昆虫为食，也吃蜘蛛等其他小型无脊椎动物和植物果实、种子。

地理分布　保护区内常见，各地均有记录。浙江省各地广布。国内分布于浙江、江苏、上海、山西、陕西、甘肃南部、云南南部、四川东部、重庆、贵州东部、湖北、湖南、安徽、江西、福建、广东、香港、广西。

繁殖　繁殖期 4—8 月。通常营巢于灌木或竹丛上，也在茶树、柑橘等小树上营巢，巢距地高 0.4~1.5m。巢呈杯状，主要用草茎、草叶、竹叶、树叶、须根、树皮等材料构成，外面常常敷以苔藓和蛛网，内垫细草茎、棕丝和须根，有时还垫羊毛、猪毛和鸟类羽毛；巢的大小为外径 6~10cm，内径 4~6cm，高 6~9cm，深 3~7cm。每窝产卵通常 4~5 枚，有时少至 3 枚。卵圆形、长卵圆形或阔卵圆形，白色、淡蓝色、亮蓝色、蓝绿色、粉绿色，光滑无斑，大小为（15~19mm）×（12~14mm），重 1.5~2.0g。

居留型　留鸟（R）。

保护与濒危等级　《中国生物多样性红色名录》无危（LC）;《IUCN 红色名录》无危（LC）。

保护区相关记录　首次记录为第一次综合科考（1984）。翁少平（2014）、张雁云（2017）也有记录。

158 暗绿绣眼鸟 日本绣眼鸟

Zosterops japonicus Temminck & Schlegel, 1847

目 雀形目 PASSERIFORMES
科 绣眼鸟科 Zosteropidae

英文名 Japanese White-eye

形态特征 小型鸟类，体长9~11cm。雌、雄鸟羽色相似。从额基至尾上覆羽概为草绿色或暗黄绿色，前额沾有较多黄色且更为鲜亮；眼周有1圈白色绒状短羽，眼先和眼圈下方有一细的黑色纹，耳羽、脸颊黄绿色。翅上内侧覆羽与背同色，外侧覆羽和飞羽暗褐色或黑褐色，除小翼羽和第1枚短小的退化初级飞羽外，其余覆羽和飞羽外翈均具草绿色羽缘，尤以大覆羽和三级飞羽草绿色羽缘较宽。尾暗褐色，外翈羽缘草绿色或黄绿色。颏、喉、上胸和颈侧鲜柠檬黄色，下胸和两胁苍白色，腹中央近白色，尾下覆羽淡柠檬黄色，腋羽和翅下覆羽白色，有时腋羽微沾淡黄色。 虹膜红褐色或橙褐色；嘴黑色，下嘴基部稍淡；脚暗铅色或灰黑色。

栖息环境 主要栖息于阔叶林、以阔叶树为主的针阔叶混交林、竹林、次生林等各种类型森林中，也栖息于果园、林缘、村寨和地边高大的树上。

生活习性 常单独、成对或成小群活动，迁徙季节和冬季喜欢成群，有时集群多达50~60只。在次生林和灌丛枝叶间穿梭跳跃，或从一棵树飞到另一棵树，有时围绕着枝叶团团转或通过两翅的急速振动而悬浮于花上，活动时发出"嗞嗞"的细弱声音。杂食性；动物性食物主要有鳞翅目、鞘翅目、半翅目、膜翅目、直翅目等昆虫，也吃蜘蛛、小螺等小型无脊椎动物；植物性食物主要有松子、马桑子、黄莓、蔷薇种子、女贞果实、草籽等植物果实和种子。夏季主要吃昆虫，冬季则主要吃植物性食物。

地理分布 保护区内常见，各地均有记录。浙江省各地广布。国内分布于浙江、辽宁、北京、天津、河北、山东、河南、山西、陕西、内蒙古、甘肃、云南、四川、重庆、贵州、湖北、湖南、安徽、江西、江苏、上海、福建、广东、香港、澳门、广西、海南、台湾。

繁殖 繁殖期4—7月，有的早在3月即开始营巢。营巢于阔叶树、针叶树及灌木上，巢多悬吊于细的侧枝末梢或枝杈上，四周多有茂密的枝叶遮蔽，不易被发现，距地高1~10m。巢呈吊篮状或杯状，主要由草茎、草叶、苔藓、树皮、蛛丝、木棉绒等构成，内垫棕丝、羽毛、细根、草茎、羊毛等；巢外径6.0~7.5cm，内径4.0~5.8cm，高4~6cm，深2.7~4.6cm。1年繁殖1~2窝，每窝产卵3~4枚，多为3枚。卵淡蓝绿色或白色，大小为（14.5~17.5mm）×（11.5~12.0mm），重1.0~1.4g。

居留型 留鸟（R）。

保护与濒危等级 《中国生物多样性红色名录》无危（LC）;《IUCN红色名录》无危（LC）。

保护区相关记录 首次记录为翁少平（2014）。张雁云（2017）也有记录。

159 栗耳凤鹛 条纹凤鹛

Yuhina castaniceps (Moore, F, 1854)

目 雀形目 PASSERIFORMES
科 绣眼鸟科 Zosteropidae

英文名 Striated Yuhina

形态特征 小型鸟类，体长 12~15cm。雌、雄羽色相似。额、头顶至枕灰色，头顶有一短的不甚明显的羽冠，系由头顶羽毛向后延长形成的，且具细的白色羽干纹；眼先灰色，眉纹白色不甚明显，其上有时杂有褐斑；眼后、耳羽、后颈和颈侧淡栗色或棕栗色，形成一宽的半领环，有的后颈栗色不明显或没有，各羽亦具白色羽干纹。背、肩、腰和尾上覆羽橄榄灰褐色或橄榄褐色，各羽亦具白色羽轴纹。尾呈突出状，灰褐色或暗褐色，外侧尾羽具明显的白色端斑，白端向外侧逐渐扩大。两翅暗褐色或灰褐色，外侧飞羽外翈和内侧飞羽与背同色。下体从颏至尾下覆羽浅灰色或污灰白色，胸侧和两胁沾橄榄褐色或浅褐色。虹膜红色或红褐色，嘴褐色，脚角黄色或黄褐色。

栖息环境 主要栖息于海拔 1500m 以下的沟谷雨林、常绿阔叶林和混交林中。

生活习性 繁殖期成对活动，非繁殖期多成群，通常成 10 多只或 20 多只的小群，有时甚至集成数十只甚至上百只的大群，活动在小乔木上或高的灌木顶枝上。群中个体常常保持很近的距离，或是在树枝间跳跃，或是从一棵树飞向另一棵树，很少下到林下地上和灌木低层。只有在危急时才降落在林下灌丛和草丛中逃走，一般较少飞翔。活动时常发出低沉的"欺儿、欺，欺儿，欺"的叫声。杂食性，主要以甲虫等昆虫为食，也吃植物果实与种子。

地理分布 保护区内常见，各地均有记录。浙江省内见于丽水、温州。国内分布于浙江、陕西南部、云南东南部、四川、重庆、贵州、湖北、湖南、安徽、江西、上海、福建、广东、广西。

繁殖 繁殖期 4—7 月。通常营巢于海拔 700~1500m 的阔叶林和混交林中。巢多置于其他鸟类废弃的巢洞或天然洞中，主要由植物纤维、草茎、草叶、苔藓等材料构成。每窝产卵 3~4 枚。卵圆形，白色而富有光泽，被红褐色或褐色细小斑点，尤以钝端较密，有时在钝端形成 1 圈或成帽状，大小为（15~18mm）×（12~14mm）。

居留型 留鸟（R）。

保护与濒危等级 《中国生物多样性红色名录》无危（LC）;《IUCN 红色名录》无危（LC）。

保护区相关记录 首次记录为第一次综合科考（1984）。翁少平（2014）、张雁云（2017）也有记录。

160 黑颏凤鹛 黑额凤鹛

Yuhina nigrimenta Blyth, 1845

目 雀形目 PASSERIFORMES
科 绣眼鸟科 Zosteropidae

英文名 Black-chinned Yuhina

形态特征 小型鸟类，体长 11~12cm。雌、雄羽色相似。前额、头顶和羽冠黑色，羽缘呈灰色鳞片状，有的由于灰色羽缘宽而形成黑色纵纹；眼先黑色；头侧、耳覆羽、枕、后颈和颈侧灰色。上体包括两翅覆羽橄榄褐色或橄榄褐色沾棕色，背和内侧覆羽亦略带灰色；尾上覆羽色较背稍淡，尾暗褐色，羽缘绿褐色或较多棕色；飞羽深褐色或暗褐色，外侧飞羽外缘和内侧次级飞羽淡褐色且具窄的橄榄绿色羽缘。颏黑色，喉白色，其余下体棕褐色或淡棕黄色。虹膜褐色；上嘴黑色，下嘴红色；脚橙黄色或红黄色。

栖息环境 主要栖息于海拔 1800m 以下的常绿阔叶林、沟谷林、混交林和林缘灌丛中，夏季分布海拔较高，冬季分布高度稍低，常到 1000m 以下的山脚和林缘灌丛中，有时甚至到村庄和耕地附近灌丛内活动觅食。

生活习性 除繁殖期多成对或单独活动外，其他季节多成群，有时集成数十只的大群。常在树冠枝叶间，有时也到林下灌丛和草丛中活动。性活泼，爱鸣叫，较为喧闹，时而在树枝间跳来跳去或飞上飞下，时而攀缘或倒悬于枝头觅食。主要以鞘翅目和膜翅目等昆虫为食，也吃花、果实、种子等植物性食物。

地理分布 保护区记录于上芳香、双坑口、洋溪等地。浙江省内见于温州、丽水。除新疆、青海、海南、台湾外，分布于国内各省份。

繁殖 繁殖期 5—7 月。巢多放在长满苔藓的枯朽侧枝枝杈上，或者筑在悬垂在悬崖上的根间，隐蔽性很好，一般难以发现。巢呈杯状或吊篮状，结构较为精致，主要由苔藓、细根和细草茎等材料编织而成；巢的大小为直径 8.9cm，深 6~7cm。每窝产卵 3~4 枚。卵淡蓝色，被红色斑点，大小为 16.5mm × 12.2mm。

居留型 留鸟（R）。

保护与濒危等级 《中国生物多样性红色名录》无危（LC）;《IUCN 红色名录》无危（LC）。

保护区相关记录 首次记录为翁少平（2014）。张雁云（2017）也有记录。

161　华南斑胸钩嘴鹛　斑胸钩嘴鹛

目	雀形目 PASSERIFORMES
科	林鹛科 Timaliidae

Erythrogenys swinhoei David, 1874

英文名　Grey-sided Scimitar Babbler

形态特征　小型鸟类，体长 22~26cm。头顶橄榄褐色且具宽的黑褐色羽干纹，额、背和两翅表面赤栗色，眉纹亦为赤栗色，但不显著，有时缺失，耳羽桂红色，其余上体棕褐色；胸具粗的黑色纵纹，腹和两胁灰色，尾下覆羽桂红色，其余下体灰白色。中南亚种与东南亚种很相似，但体形较小，翅长一般不及 96mm，喉和上胸淡锈色，尾下覆羽暗锈褐色。虹膜淡黄色或绿白色；嘴角黄色或角褐色，上嘴较暗；跗跖和趾暗黄褐色或肉褐色。

栖息环境　主要栖息于灌木丛、矮树林、竹丛和灌草丛间，也出入于农田地边、村寨附近的小树林和灌木丛中，繁殖期也见于海拔 2000m 以上的高山杜鹃灌丛、高山栎灌丛及其林缘地带。

生活习性　多单独、成对或成小群活动。常在树丛或灌丛间穿梭、飞翔，或在地上奔跑、跳跃，很少远距离飞翔。活动时常发出响亮的叫声，个体间彼此呼应。常在地上草丛或落叶层中觅食，有时也在灌丛和树上觅食。响亮而独特地对唱，雄鸟发出深沉的 "callow-creee，callow-creee"，第 4 个 "creee" 音节略高，雌鸟回以 "callow" 叫声。警告时 "吱吱"叫。主要以昆虫为食，特别是在繁殖期，几乎全吃昆虫。

地理分布　保护区记录于溪斗、上芳香、金竹坑、石佛岭、碑排、木岱山等地。浙江省内见于湖州、杭州、绍兴、金华、衢州、温州、丽水。国内分布于浙江、安徽南部、江西东部、福建西北部和中部、广东。

繁殖　繁殖期 5—7 月。通常营巢于灌丛中。巢呈碗状，主要由细枝、草茎、枯叶等构成，内垫以撕碎的细茅草叶；巢大小为外径 9.5~16.5cm，内径 7.9~9.8cm，高 8.9~13.5cm，深 4.6~8.5cm。每窝产卵 3 枚。卵呈长椭圆形，白色，光滑无斑，大小为（28.4~31.8mm）×（21.0~21.7mm）。雌、雄亲鸟轮流孵卵。雏鸟晚成性。

居留型　留鸟（R）。

保护与濒危等级　《中国生物多样性红色名录》无危（LC）；《IUCN 红色名录》无危（LC）。

保护区相关记录　首次记录为第一次综合科考（1984）。翁少平（2014）有记录。

162 棕颈钩嘴鹛 小钩嘴嘈鹛、小钩嘴鹛

Pomatorhinus ruficollis Hodgson, 1836

目 雀形目 PASSERIFORMES

科 林鹛科 Timaliidae

英文名 Streak-breasted Scimitar-babbler

形态特征 小型鸟类，体长 16~19cm。头顶橄榄褐色，眉纹白色、长而显著，从额基沿眼上向后延伸直达颈侧；眼先、颊和耳羽黑色，形成一宽阔的黑色贯眼纹，与白色眉纹相衬，极为醒目；后颈栗红色，形成半领环状。背棕橄榄褐色，向后较淡，两翅表面与背相同；飞羽暗褐色，外翈羽缘较淡，呈污灰色或灰褐色；尾羽暗褐色且微具黑色横斑，尾羽基部边缘微沾棕橄榄褐色。颏、喉白色，胸和胸侧亦为白色且具粗著的淡橄榄褐色纵纹，有时微带赭色，胸以下为淡橄榄褐色，腹中部白色。虹膜茶褐色或深棕色；上嘴黑色，先端和边缘乳黄色，下嘴淡黄色；脚和趾铅褐色或铅灰色。

栖息环境 栖息于低山和山脚平原地带的阔叶林、次生林、竹林、林缘灌丛中，也出入于村寨附近的茶园、果园、路旁树林和农田灌木丛间，夏季也上到海拔 2300m 左右的阔叶林和灌丛中。

生活习性 常单独、成对或成小群活动。性活泼，胆怯畏人，常在茂密的树丛或灌丛间疾速穿梭或跳来跳去，一遇惊扰，立刻藏匿于树林深处，或由一个树丛飞向另一树丛，每次飞行距离很短。有时也见与雀鹛等其他鸟类混群活动。繁殖期常躲藏在树叶丛中鸣叫，叫声单调、清脆而响亮，三声一度，似 "tu-tu-tu" 的哨声，常常反复鸣叫不息。杂食性，所吃食物主要有竹节虫、甲虫及双翅目、鳞翅目、半翅目等昆虫，还吃少量乔木、灌木果实与种子，以及草籽等植物性食物。

地理分布 保护区内常见，各地均有记录。浙江省内见于湖州、杭州、绍兴、宁波、台州、金华、衢州、温州、丽水。国内分布于浙江、河南南部、陕西南部、甘肃西部和东南部、四川东部、重庆、贵州北部、湖北西部、湖南北部、江苏南部、上海、江西、福建、广东北部。

繁殖 繁殖期 4—7 月，最早在 3 月末即见有营巢产卵，最晚在 7 月初还见在产卵或孵卵。通常营巢于灌木上，距地高 1~2m。巢呈圆锥形或杯状，主要由草叶、树皮、树叶、八仙花枝叶等筑成，内垫细草叶；巢的大小为外径 10.5cm×12.0cm，内径 5.5cm×7.5cm，深 9.5cm，高 12.5cm。每窝产卵 2~4 枚。卵纯白色，光滑无斑，大小为（25.0~26.0mm）×（18.0~18.4mm），平均重 4.3g。

居留型 留鸟（R）。

保护与濒危等级 《中国生物多样性红色名录》无危（LC）;《IUCN 红色名录》无危（LC）。

保护区相关记录 首次记录为第一次综合科考（1984）。翁少平（2014）、张雁云（2017）也有记录。

163 红头穗鹛 红顶嘈鹛、红顶穗鹛

Cyanoderma ruficeps (Blyth, 1874)

目 雀形目 PASSERIFORMES
科 林鹛科 Timaliidae

英文名 Rufous-capped Babbler

形态特征 小型鸟类，体长 10~12cm。额至头顶，有的一直到枕棕红色或橙栗色，额基、眼先淡灰黄色，眼周有 1 圈黄白色，颊和耳羽灰黄色或灰茶黄色，或多或少缀有橄榄褐色，眼上方浅黄色或橄榄褐色，枕棕红色或橄榄褐色。其余上体包括两翅和尾表面灰橄榄绿色或淡橄榄褐色而沾绿色，飞羽暗褐色，外翈羽缘橄榄黄色或茶黄色，内侧飞羽外翈羽缘与背同色，尾上覆羽较背稍浅，尾褐色或暗褐色。下体颏、喉、胸浅灰茶黄色、浅灰黄色、黄绿色，且具细的黑色羽干纹，腹、两胁和尾下覆羽橄榄绿色，有的或多或少沾有灰色，腋羽和翼下覆羽白色沾黄色。虹膜棕红色或栗红色；上嘴角褐色，下嘴暗黄色；跗跖和趾黄褐色或肉黄色。

栖息环境 主要栖息于山地森林中。

生活习性 常单独或成对活动，有时也见成小群或与棕颈钩嘴鹛等鸟类混群活动，在林下或林缘灌丛枝叶间飞来飞去或跳上跳下。鸣声单调，三声一度，其声似 "tu-tu-tu"。食物主要为鞘翅目、鳞翅目、直翅目、膜翅目、双翅目、半翅目等昆虫，偶尔吃少量植物果实与种子。

地理分布 保护区内常见，各地均有记录。浙江省内见于湖州、杭州、绍兴、宁波、台州、金华、衢州、温州、丽水。国内分布于浙江、河南、陕西南部、云南东部、四川、重庆、贵州、湖北、湖南、安徽、江西、福建、广东、广西。

繁殖 繁殖期 4—7 月。通常营巢于茂密的灌丛、竹丛、草丛和堆放的柴捆上，巢距地高 0.5~1.0m。巢主要由竹叶、树皮、树叶等材料筑成，有的还有蜘蛛丝粘连，内垫细草根、草茎和草叶；巢的大小为外径 7~8cm，内径 4~5cm，高 7~8cm，深 5~6cm。每窝产卵通常 4~5 枚。卵白色，钝端具有棕色斑点，大小为（17.2~17.8mm）×（13.0~13.2mm），重 1.2~1.4g。孵卵由雌、雄亲鸟轮流承担。雏鸟晚成性，雌、雄亲鸟共同育雏，育雏期间雌鸟在巢内过夜。

居留型 留鸟（R）。

保护与濒危等级 《中国生物多样性红色名录》无危（LC）;《IUCN 红色名录》无危（LC）。

保护区相关记录 首次记录为第一次综合科考（1984）。翁少平（2014）、张雁云（2017）也有记录。

164 灰眶雀鹛 绣眼画眉

Alcippe morrisonia Swinhoe, 1863

目 雀形目 PASSERIFORMES
科 幽鹛科 Pellorneidae

英文名 Grey-cheeked Fulvetta

形态特征 小型鸟类，体长 13~15cm。雌、雄羽色相似。额、头顶、枕、后颈暗灰色或褐灰色，头顶两侧具黑色侧冠纹或侧冠纹不明显，头侧和颈侧灰色或深灰色，眼先稍白色，眼周有一灰白色或近白色眼圈。其余上体橄榄褐色或橄榄灰褐色，有的上体沾棕红色或几全为棕红色，腰和尾上覆羽茶黄褐色或橄榄褐色沾棕色，尾表面与尾上覆羽相似，两翅覆羽和飞羽亦与背大致相同或沾棕色。颏、喉浅灰色或淡茶黄色沾灰色，胸淡棕色，其余下体橄榄褐色或棕橄榄褐色。虹膜红棕色或栗色，嘴角褐色或黑褐色，脚淡褐色或暗黄褐色。

栖息环境 主要栖息于海拔 2500m 以下的山地、山脚平原地带的森林和灌丛中，在原始林、次生林、落叶阔叶林、常绿阔叶林、针阔叶混交林、针叶林、林缘灌丛、竹丛、稀树草坡等各类森林中均有，在油茶林、竹林、果园等经济林，以及农田、居民点附近的小块树林和灌丛内也见其活动，是雀鹛属鸟类在中国分布最广的一种。

生活习性 除繁殖期成对活动外，常成 5~7 只至 10 余只的小群，有时亦见与其他小鸟混群，频繁地在树枝间跳跃或飞来飞去，有时也沿粗的树枝或在地上奔跑捕食。常常发出"唧、唧、唧、唧"的单调叫声。杂食性，主要以鞘翅目、鳞翅目、膜翅目、双翅目、蜻蜓目昆虫为食，也吃果实、种子、叶、芽、苔藓等植物性食物。偶尔吃少量谷粒等农作物。

地理分布 保护区各地均有记录。浙江省内除嘉兴外各地广布。国内分布于浙江、安徽、江西、福建、广东东北部、澳门、广西。

繁殖 繁殖期 5—7 月。通常营巢于林下灌丛近地面的枝杈上，巢距地高 0.2~2.0m。巢呈深杯状，主要由草叶、草茎和草根等材料构成，有时还有树叶和苔藓掺杂在一起；巢的大小为外径 8.3cm，内径 4.5cm，巢高 6.3cm，深 4.6cm。每窝产卵 2~4 枚。卵梨形，白色，密被淡棕黄色斑点，大小平均为 19.6mm×15.0mm，重 2.0~2.3g。

居留型 留鸟（R）。

保护与濒危等级 《中国生物多样性红色名录》无危（LC）；《IUCN 红色名录》无危（LC）。

保护区相关记录 首次记录为第一次综合科考（1984）。翁少平（2014）、张雁云（2017）也有记录。

165 褐顶雀鹛 褐雀鹛

Alcippe brunnea Gould, 1863

| 目 | 雀形目 PASSERIFORMES |
| 科 | 幽鹛科 Pellorneidae |

英文名 Dusky Fulvetta

形态特征 小型鸟类，体长 13~15cm。雌、雄羽色相似。前额、头顶和枕棕褐色或橄榄褐色，头侧有 1 对黑色侧冠纹，从眼上方直达上背，并在上背形成若干道黑色纵纹；头顶至枕部各羽有的具窄的暗色羽缘，形成鳞片状；侧冠纹外面有一宽的褐灰色纵纹，呈眉纹状，向后延伸到颈侧；眼先和颊近白色，微缀黑纹。耳羽浅灰褐色或浓褐色，头侧和颈侧灰色。上体和两翅表面橄榄褐色，下背和腰沾棕色。尾褐色或深褐色，外侧尾羽内翈较暗，外翈较鲜亮。两翅暗褐色，其表面与背相似。三级飞羽沾棕色，其余飞羽外翈羽缘棕褐色。下体颏、喉、胸、腹乳白色或污白色，胸、腹沾棕色或微沾灰色，胸侧灰橄榄色，两胁橄榄褐色或棕橄榄褐色，尾下覆羽棕褐色或浅茶黄色。虹膜暗褐色至栗色，嘴黑褐色或黑色，脚淡黄色、黄褐色或浅褐色。

栖息环境 主要栖息于海拔 1800m 以下的低山丘陵、山脚林缘地带的次生林、阔叶林、林缘灌丛与竹丛中，也频繁地出入于路边、耕地、居民点附近的山坡灌丛和草丛中。

生活习性 除繁殖期成对活动外，其他季节多呈小群。性活泼而大胆，常在林下灌丛与竹丛间跳跃或飞来飞去，也频繁地在草丛中或农作物枝叶间活动和觅食，见人也不飞，有时直至人快到眼前时，才突然飞走。主要以鞘翅目和鳞翅目昆虫为食，偶尔吃少量植物果实与种子。

地理分布 保护区记录于黄桥、碑排、双坑口、上芳香、洋溪等地。浙江省内见于杭州、绍兴、台州、衢州、温州、丽水。中国特有鸟类，分布于浙江、湖南、安徽、江西、福建、广东、广西。

繁殖 繁殖期 4—6 月。巢多置于靠近地面的灌丛中，呈球形或半球形，主要由枯草和枯叶构成；巢高 17cm，宽 10cm，深 5cm，巢口直径 5~7cm。每窝产卵 2~4 枚。卵绿白色，被蓝灰色和褐色斑点与斑纹，大小为 22mm × 16mm。

居留型 留鸟（R）。

保护与濒危等级 《中国生物多样性红色名录》无危（LC）；《IUCN 红色名录》无危（LC）。

保护区相关记录 首次记录为张雁云（2017）。

166 黑脸噪鹛 嘈杂鸫、噪林鹛、土画眉

Garrulax perspicillatus (Gmelin,1789)

| 目 | 雀形目 PASSERIFORMES |
| 科 | 噪鹛科 Leiothrichidae |

英文名 Masked Laughingthrush

形态特征 中型鸟类，体长 27~32cm。前额、眼先、眼周、头侧和耳羽黑色，头顶至后颈褐灰色。背暗灰褐色至尾上覆羽转为土褐色。尾羽暗棕褐色，外侧尾羽先端黑褐色，有时仅中央 1 对尾羽深褐色，外侧尾羽栗褐色，端部具黑色横斑，越往外侧，尾羽端部黑色横斑逐渐融合为 1 块黑色端斑。翼上覆羽和最内侧飞羽与背同色，其余飞羽褐色，外翈羽缘黄褐色。颏、喉至上胸褐灰色，下胸和腹棕白色或灰白色沾棕，两胁棕白色沾灰色，尾下覆羽棕黄色，腋羽和翼下覆羽浅黄褐色。虹膜棕褐色或褐色，嘴黑褐色，脚淡褐色。

栖息环境 主要栖息于平原、低山丘陵地带灌丛与竹丛中，也出入于庭院、人工松柏林、农田地边、村寨附近的疏林和灌丛内，偶尔也进到高山和茂密的森林。

生活习性 常成对或成小群活动，特别是秋冬季节集群较大，可有 10 多只至 20 多只，有时与白颊噪鹛混群。常在荆棘丛或灌丛下层跳跃穿梭，或在灌丛间飞来飞去，飞行姿态笨拙，不进行长距离飞行，多数时候在地面或灌丛间跳跃前进。性活跃，活动时常不断鸣叫，显得甚为嘈杂，所以俗称"嘈杂鸫""噪林鹛"等。杂食性；所吃昆虫主要有鞘翅目、鳞翅目、直翅目、半翅目、膜翅目、异翅目等；植物性食物主要有玉米、稻谷、麦粒、番薯等农作物以及其他植物的果实、种子。

地理分布 保护区记录于黄桥。浙江省各地广布。国内分布于浙江、山东、河南、山西南部、陕西、云南东南部、四川、重庆、贵州、湖北、湖南、安徽、江西、江苏、上海、福建、广东、香港、澳门、广西。

繁殖 繁殖期 4—7 月。通常营巢于低山丘陵和村寨附近小块树林、竹林内，巢多置于距地高 1m 至数米的灌木、幼树或竹类枝杈上。巢呈杯状，主要由细树枝、枯草茎、草叶、草根、树叶、树皮、纸片等材料构成，结构较为粗糙，内垫细草根、卷须、松叶等柔软物质；巢外径 13cm，内径 9.2cm，高 11.8cm，深 6.5cm。每窝产卵 3~5 枚。卵为卵圆形，灰蓝色或具有光泽的青白色，光滑无斑，或微呈绿白色且缀有赭褐色块斑，尤以钝端较多，大小为（27~28mm）×（19~21mm）。

居留型 留鸟（R）。

保护与濒危等级 《中国生物多样性红色名录》无危（LC）;《IUCN 红色名录》无危（LC）。

保护区相关记录 首次记录为翁少平（2014）。张雁云（2017）也有记录。

167　小黑领噪鹛

Garrulax monileger (Hodgson, 1836)

目　雀形目 PASSERIFORMES
科　噪鹛科 Leiothrichidae

英文名　Lesser Necklaced Laughingthrush

形态特征　中型鸟类，体长 27~29cm。雌、雄羽色相似。前额、头顶、枕橄榄褐色或棕橄榄褐色，后颈棕色或栗棕色，形成一宽阔的棕色或栗棕色领环。其余上体包括两翅覆羽和尾上覆羽概为橄榄褐色，外侧飞羽外翈橄榄褐色或灰亮白色，其余飞羽褐色或与背同色。中央 2 对尾羽和外侧尾羽基部与背同色，其余尾羽黑色且具白色或棕色端斑。眼先、眼周、眼后纵纹黑色，眉纹白色，细而长，耳羽灰白色，其上、下缘具黑斑或黑纹不明显。颏、喉白色，其后缘微棕色；胸、腹亦为白色，有时微沾棕色，胸部有一黑色横带，有的向两侧延伸至耳羽后下方；两胁棕色或棕黄色；尾下覆羽淡棕色或淡棕黄色。虹膜黄色；嘴黑褐色，尖端较淡；脚淡褐色或肉褐色，爪黄色或黄褐色。

栖息环境　主要栖息于海拔 1300m 以下的低山和山脚平原地带的阔叶林、竹林、灌丛中，尤喜以栎树为主的常绿阔叶林和沟谷林中。

生活习性　喜成群，常数只或 10 余只一起活动，有时亦见与黑领噪鹛等噪鹛混群活动。多在林下地上草丛、灌丛中活动觅食，见人立刻潜入密林深处，不易看见，有时也见一只接一只地飞行穿越林间空地，飞行动作迟缓、笨拙，一般不做长距离飞行。喜鸣叫，常常吵嚷不休，甚为嘈杂。杂食性，主要以昆虫为食，也吃植物果实和种子。

地理分布　保护区记录于上芳香。浙江省内见于杭州、衢州、温州、丽水。国内分布于浙江、湖北、湖南、安徽、江西、江苏、上海、福建、广东、广西。

繁殖　繁殖期 4—6 月。营巢于低山阔叶林中，通常置巢于林下灌丛、竹丛或小树上。巢结构较粗糙、松散，开口为杯状，主要由枯草茎、草叶、竹叶、根和苔藓等材料构成，内垫细草茎和草根。每窝产卵通常 4 枚，偶尔也有多至 5 枚和少至 3 枚的。卵多为长卵圆形，深蓝绿色，大小平均为 28.4mm × 21.3mm。

居留型　留鸟（R）。

保护与濒危等级　《中国生物多样性红色名录》无危（LC）;《IUCN 红色名录》无危（LC）。

保护区相关记录　首次记录为第一次综合科考（1984）。翁少平（2014）、张雁云（2017）也有记录。

168 黑领噪鹛

Garrulax pectoralis (Gould,1836)

目　雀形目 PASSERIFORMES
科　噪鹛科 Leiothrichidae

英文名　Greater Necklaced Laughingthrush

形态特征　中型鸟类，体长 28~30cm。整个上体包括两翅和尾表面概为棕褐色。眼先白色沾棕色，眉纹白色、宽阔而显著，一直延伸到颈侧，耳羽黑色而杂有白纹，后颈栗棕色，呈半环状。翅上初级覆羽暗灰褐色，飞羽黑褐色，外翈缘以棕褐色，内翈缘以棕黄色；中央 1 对尾羽全为棕褐色或橄榄棕色，外侧尾羽具黑褐色次端斑和棕色或棕黄色端斑。颏、喉白色沾棕色，颧纹黑色，常往后延伸，与黑色胸带相连，胸带有的在中部断裂，胸、腹棕白色或淡黄白色，两胁棕色或棕黄色，尾下覆羽棕色或淡黄色。虹膜棕色或茶褐色；嘴褐色或黑色，下嘴基部黄色；脚暗褐色或铅灰色，爪黄色。

栖息环境　主要栖息于海拔 1500m 以下的低山、丘陵和山脚平原地带的阔叶林中，也出入于林缘疏林和灌丛。

生活习性　喜集群，常成小群活动，有时亦与小黑领噪鹛等噪鹛混群活动。多在林下茂密的灌丛或竹丛中活动和觅食，时而在灌丛枝叶间跳跃，时而在地上灌丛间窜来窜去，一般较少飞翔。性机警，多数时间躲藏在茂密的灌丛等阴暗处，附近稍有声响立刻喧闹起来，有时一只鸟鸣叫，其他鸟也跟着高声鸣叫起来，鸣叫时两翅扇动，并不断地点头翘尾，直到未发现可疑物，才逐渐安静下来；如发现人，在一阵喧闹之后静悄悄地躲开、逃走，约半小时后又出现在另一片树林里。主要以甲虫、蜻蜓、天蛾（卵和幼虫）、蝇等昆虫为食，也吃草籽和其他植物的果实、种子。

地理分布　保护区记录于双坑口、上芳香、洋溪等地。浙江省内见于杭州、宁波、台州、金华、衢州、温州、丽水。国内分布于浙江、陕西南部、甘肃东部、四川、重庆、贵州、湖北、湖南、安徽、江西、江苏、上海、福建、广东、香港、澳门、广西。

繁殖　繁殖期 4—7 月。通常营巢于低山阔叶林中，巢多置于林下灌丛、竹丛或幼树上。巢呈杯状，主要由细枝、草茎、苇茎、草叶、竹叶、根等材料构成，有时还掺杂苔藓，内垫细草茎和须根。1 年繁殖 1~2 窝，每窝产卵 3~5 枚，通常 4 枚。卵蓝色或深蓝色，长卵圆形，大小为（28.7~33.8mm）×（20.9~24.1mm）。

居留型　留鸟（R）。

保护与濒危等级　《中国生物多样性红色名录》无危（LC）;《IUCN 红色名录》无危（LC）。

保护区相关记录　首次记录为第一次综合科考（1984）。翁少平（2014）、张雁云（2017）也有记录。

169　灰翅噪鹛

Garrulax cineraceus (Godwin-Austen, 1874)

目　雀形目 PASSERIFORMES
科　噪鹛科 Leiothrichidae

英文名　Moustached Laughingthrush

形态特征　中型鸟类，体长 21~25cm。雌、雄羽色相似。前额、头和后颈黑色，或前额黑色，头顶至后颈暗灰色（老鸟亦变为黑色）；眉纹淡栗色或橄榄棕色，眼先、颊和耳羽基部白色或灰白色沾棕色，耳羽后部棕色或栗色，颧纹黑色。上体橄榄褐色或橄榄灰色，腰部沾棕色；翅上内侧覆羽与背同色，小覆羽内翈褐色，外翈灰色，初级覆羽黑色；最外侧 7 枚初级飞羽飞翈蓝灰色，内翈黑色；其余飞羽橄榄褐色且具宽阔的黑色次端斑和窄的白色端斑。尾羽橄榄褐色，亦具宽阔的黑色亚端斑和窄的白色端斑，白色端斑从中央尾羽向外侧尾羽逐渐扩大。颏白色或灰白色，喉、胸至上腹灰褐色且沾葡萄红色或淡葡萄灰色，尤以胸部较灰色或棕黄色沾葡萄色，喉具细的黑色羽干纹，两胁锈褐色或橄榄褐色，下腹淡棕色，尾下覆羽棕褐色。虹膜褐色或淡褐色；上嘴暗褐色，下嘴黄色；脚黄褐色。

栖息环境　主要栖息于海拔 600m 以上的常绿阔叶林、落叶阔叶林、针阔叶混交林、竹林和灌木林等。

生活习性　常成对或成 3~5 只的小群，一般活动在林下灌丛和竹丛间，有时也在林下地上落叶层上活动和觅食。主要以甲虫、毛虫、蝼蛄、蚂蚁等昆虫为食，也吃甲壳动物、多足纲动物以及植物果实、种子等。

地理分布　早期科考资料有记载，但本次调查未见。浙江省内见于杭州、绍兴、宁波、台州、金华、衢州、温州、丽水。国内分布于浙江、陕西西南部、甘肃南部、云南东南部、四川、重庆、贵州、湖北、湖南、安徽、江西、江苏、上海、福建、广东、广西。

繁殖　繁殖期 4—6 月。营巢于小树和苦竹枝杈间，巢距地高 0.8~1.5m。巢呈碗状，外层用草茎、藤条和细枝编成，结构较为粗糙，内层由较细的草茎、草根、树根和丝等材料构成；巢外径 10.6~15.0cm，内径 7.0~7.5cm，高 6cm，深 4.0~4.5cm。每窝产卵 2~4 枚。卵为卵圆形，天蓝色，光滑无斑，大小为（25.0~28.5mm）×（17.5~20.0mm）。

居留型　留鸟（R）。

保护与濒危等级　《中国生物多样性红色名录》无危（LC）;《IUCN 红色名录》无危（LC）。

保护区相关记录　首次记录为第一次综合科考（1984）。翁少平（2014）、张雁云（2017）也有记录。

170　棕噪鹛　竹鸟、八音鸟

Garrulax poecilorhynchus Oustalet, 1876

目　雀形目 PASSERIFORMES
科　噪鹛科 Leiothrichidae

英文名　Rusty Laughingthrush

形态特征　中型鸟类，体长 25~28cm。雌、雄羽色相似。上体赭褐色，鼻羽、前额、眼先、眼周、耳羽上部、颊前部和颏黑色，头顶至后颈具窄的淡黑色羽缘，在头顶形成鳞状斑。两翅内侧覆羽和飞羽与背同色，外侧覆羽棕褐色，飞羽外翈棕黄色，内翈黑褐色。中央 1 对尾羽棕栗色，外侧尾羽内翈暗褐色，外翈棕栗色，且从内向外逐渐变淡，至最外侧 1 枚尾羽外翈亦变为暗褐色，最外侧 3 对尾羽具宽阔的白色端斑。喉和上胸淡赭褐色，下胸、腹和两胁灰色，尾下覆羽灰白色或白色。虹膜灰色，眼周裸露部蓝色；嘴端部黄色或黄绿色，基部黑色；脚、趾铅褐色，爪黄色。

栖息环境　主要栖息于海拔 1000~2700m 的山地常绿阔叶林中，尤以林下植物发达、阴暗、潮湿和长满苔藓的岩石地区较常见。

生活习性　常单独或成小群活动。性羞怯，善隐藏，多活动在林下灌木丛间地上，很少到森林中上层活动，因而不易见到。但该鸟善鸣叫，又喜成群，因而显得较嘈杂，常常闻其声而难觅其影。群体中如有一只遇害，其余则争相避走。繁殖期鸣声亦甚委婉动听，其声似"呼-果-呼，呼呼"，鸣声圆润且富有变化。杂食性，主要以昆虫为食，也吃植物的果实和种子。

地理分布　早期科考资料有记载，但本次调查未见。浙江省内见于湖州、杭州、绍兴、金华、衢州、温州。国内分布于浙江、四川东南部、贵州、湖北、湖南、安徽、江西、江苏、福建、广东北部。

繁殖　繁殖期 4—6 月。筑巢于矮低乔木枝杈上，巢离地约 2m 高。巢呈碗状，以干燥的树叶、草茎及草根为巢材，并衬一些松萝的白色线状株体于巢内；巢高 136mm，深 50mm，外径 140mm，内径 102mm。每窝产卵 2~3 枚。卵青色，无斑点，大小为 33mm × 22mm。雏鸟由雌、雄亲鸟轮流喂养。

居留型　留鸟（R）。

保护与濒危等级　国家二级重点保护野生动物；《中国生物多样性红色名录》无危（LC）；《IUCN 红色名录》无危（LC）。

保护区相关记录　首次记录为翁少平（2014）。张雁云（2017）也有记录。

171 画眉 中国画眉

Garrulax canorus (Linnaeus, 1758)

目　雀形目 PASSERIFORMES
科　噪鹛科 Leiothrichidae

英文名　Chinese Hwamei

形态特征　中型鸟类，体长 21~24cm。雌、雄羽色相似。额棕色，头顶至上背棕褐色，自额至上背具宽阔的黑褐色纵纹，纵纹前段色深，后部色淡。眼圈白色，其上缘白色向后延伸成一窄线直至颈侧，状如眉纹，故有"画眉"之称（台湾亚种无眉纹）。头侧包括眼先和耳羽暗棕褐色。其余上体包括翅上覆羽棕橄榄褐色。两翅飞羽暗褐色，外侧飞羽外翈羽缘缀以棕色，内翈基部亦具宽阔的棕缘，内侧飞羽外翈棕橄榄褐色。尾羽浓褐色或暗褐色，具多道不甚明显的黑褐色横斑，尾末端较暗褐。颏、喉、上胸和胸侧棕黄色且杂以黑褐色纵纹，两胁较暗且无纵纹，腹中部污灰色，肛周沾棕色，翼下覆羽棕黄色，其余下体亦为棕黄色。虹膜橙黄色或黄色；上嘴橘色，下嘴橄榄黄色；跗跖和趾黄褐色或浅角色。

栖息环境　主要栖息于海拔 1500m 以下的低山、丘陵、山脚平原地带的矮树丛和灌木丛中，也栖息于林缘、农田、旷野、村落和城镇附近小树丛、竹林、庭院内。

生活习性　常单独或成对活动，偶尔也结成小群。性胆怯而机敏，平时多隐匿于茂密的灌木丛和杂草丛中，喜在灌丛中穿飞和栖息，不时地上到树枝间跳跃、飞翔。如遇惊扰，立刻下到灌丛下，然后沿地面逃至他处，紧迫时也直接起飞，而且飞行迅速，但飞不多远又落下，一般也不远飞。善鸣唱，从早到晚几乎唱个不停，鸣声婉转动听，特别是在繁殖期，雄鸟尤其善唱，鸣声更加悠扬悦耳且富有变化，尾音略似"mo-gi-yiu-"，因而古人

称其叫声为"如意如意"。杂食性，但以昆虫为主，尤其是在繁殖期，亲鸟为了喂养雏鸟，大量捕捉昆虫；在非繁殖期，昆虫渐少，就以各种植物果实、杂草种子或嫩菜为食。

地理分布 保护区记录于溪斗、杨梅坪、下寮、黄泥岱、金竹坑、榅垟、金针湖、碑排等多地。浙江省各地广布。国内分布于浙江、河南南部、陕西南部、甘肃南部、云南、四川、重庆、贵州、湖北、湖南、安徽、江西、江苏、上海、福建、广东、香港、澳门、广西。

繁殖 繁殖期4—7月。每年一般可繁殖1~2次。巢一般多筑于山丘茂密的草丛、灌木丛中的地面或背北向南、上有大树、下有灌木丛、距地面高1m左右的灌木枝上。巢较隐蔽，呈杯状或椭圆形的碟状，外壁较松散而粗糙，以树叶、竹叶、草茎、嫩枝等为巢材，内壁以细草茎编成，比较细密，内垫以细草、松枝、细根等；巢内径9~13cm，外径13~20cm，深7.5~8.5cm，高10~11cm。每窝产卵3~5枚。卵呈椭圆形，浅蓝色或天蓝色，具有褐色斑点，大小为（23.5~28.8mm）×（19.0~23.0mm）。产完卵后即开始孵化，孵化由雌鸟担任，雄鸟在巢周围警戒，孵化期为14~15天。亲鸟在孵化期十分恋巢，如果有敌害，直至对方接近巢前才沿着灌丛底部逃走。雏鸟晚成性，25天左右离巢。

居留型 留鸟（R）。

保护与濒危等级 国家二级重点保护野生动物；《中国生物多样性红色名录》近危（NT）；《IUCN红色名录》无危（LC）。

保护区相关记录 首次记录为第一次综合科考（1984）。翁少平（2014）、张雁云（2017）也有记录。

173　普通䴓

Sitta europaea Linnaeus, 1758

目　雀形目 PASSERIFORMES

科　䴓科 Sittidae

英文名　Wood Nuthatch、Eurasian Nuthatch

形态特征　小型鸟类，体长 11~15cm。雌、雄近似。雄鸟上体自额至尾上覆羽呈灰蓝色；嘴基贯眼一直延伸达上肩部。中央尾羽与上体同色；其余尾羽黑色，端缘乌灰色，此色向外侧渐扩大并沾褐色，外侧 2 对尾羽的内翈有白斑，最外侧 1 对的外翈中部有一楔形白斑。飞羽浅黑褐色，内侧飞羽外翈羽缘似背部颜色，外侧飞羽内翈基部有一白色块斑。额污白色；颈侧及下体余部大都肉桂棕色；两胁呈显著的栗色；尾下覆羽近灰白色，带有栗色羽缘。雌鸟羽色与雄鸟相似，但两胁及尾下覆羽栗色较淡。虹膜褐色；嘴暗褐色，下嘴基部沾蓝色或淡黄色；脚肉褐色。

栖息环境　主要栖息于针阔叶混交林、针叶林和阔叶林中，冬季也出现于低山丘陵、山脚平原、路边、果园和居民点附近的树林内。

生活习性　除繁殖期单独或成对活动以及繁殖后期成家族群外，其他季节多单独或与其他小鸟混群。性活泼，行动敏捷，善于沿树干向上或呈螺旋形绕树干向上攀援，也能头朝下向下攀爬。若遇人惊扰，并不立即飞走，而是停在树干上张望一会儿，再继续攀爬或飞走。常从一棵树干上部飞落到另一棵树干中部或下部，而后向上攀爬，边爬边敲啄树木，觅食树皮缝隙中的昆虫，并不时发出"zh-zha-zha"的叫声，性情温顺，不怕人。主要以昆虫为食，育雏食物则全是昆虫，秋冬季节也食部分植物种子和果实。

地理分布　早期科考资料有记载，但本次调查未见。浙江省内见于杭州、金华、衢州、温州、丽水。国内分布于浙江、北京、天津、河北、山东、河南、山西、陕西南部、甘肃西北部、云南东北部、四川、贵州、湖北、湖南、安徽、江西、江苏、福建、广东北部、广西。

繁殖　繁殖期4—6月。巢营于树洞中，通常利用啄木鸟遗弃的旧巢洞或树干中的天然洞。1 年繁殖 1 窝，每窝产卵 6~12 枚，多为 8~9 枚。卵粉红色，密被紫褐色斑，也有的呈肉红色，被不规则的锈褐色斑点。孵化期 17 天。雏鸟晚成性，雌、雄鸟共同育雏。

居留型　留鸟（R）。

保护与濒危等级　浙江省重点保护野生动物；《中国生物多样性红色名录》无危（LC）；《IUCN 红色名录》无危（LC）。

保护区相关记录　首次记录为翁少平（2014）。张雁云（2017）也有记录。

174 褐河乌 水乌鸦、小水乌鸦

Cinclus pallasii Temminck, 1820

目　雀形目 PASSERIFORMES
科　河乌科 Cinclidae

英文名　Brown Dipper

形态特征　小型鸟类，体长 19~24cm。雌、雄相似。通体呈咖啡黑色或黑褐色，背和尾上覆羽具棕红色羽缘；翅和尾黑褐色，飞羽外翈具咖啡褐色狭缘；眼圈白色，常为眼周羽毛遮盖而外观不显著；下体腹中央色较浅淡，尾下覆羽色较暗。颏、喉、颈侧、胸、胁、尾下覆羽及覆腿羽均具锈棕色羽端，腹具棕白色羽端。腋羽和翅下覆羽黑褐色且具灰白色弧形斑。幼鸟上体黑褐色，羽缘黑色，形成鳞状斑纹，具浅棕色近端斑；飞羽暗褐色，小覆羽具棕白色羽缘；内侧飞羽和内侧中、小覆羽均具棕白色羽端。虹膜褐色；嘴、跗跖和趾黑褐色。

栖息环境　栖息和活动于河流中的大石上或河岸崖壁突出部，基本不在河流两岸树上停落。

生活习性　常单独或成对活动，在河中间大石或河边大石上停落时，头和尾常上下摆动。飞行迅速，一般沿河流水面直线飞行，从一块大石上飞往另一块大石上，飞一段就跳入水中寻食；不受惊扰时每次飞行距离较短，一般 30~50m 就停落一次；如遇惊扰，则顺原活动方向或折转向相反方向急速飞去，距离可达百米，当无惊扰时就又跳入水中继续寻食。边飞边叫，鸣声清脆、响亮，其声似 "zhi-chi-"。在水中寻食，全年以动物性食物为主，包括鳞翅目昆虫、襀翅目昆虫、毛翅目昆虫、甲虫、蚁、蜉蝣、小虾、小鱼、螺类，偶尔吃些植物叶子和禾本科植物种子。

地理分布　保护区记录于三插溪、双坑口等地。浙江省内见于湖州、杭州、绍兴、台州、金华、衢州、温州、丽水。除西藏、海南外，分布于国内各省份。

繁殖　繁殖期 4—7 月。巢筑于河流两岸石隙间及石壁凹处、树根下、垂岩下边。雌、雄共同营巢，巢材取于营巢地河流两岸。巢呈碗状，外层由苔藓、内层由干草和檞树叶编织而成，洞口开在侧前方，洞口直径 5~6cm，深约 13cm，进洞后是巢，巢外径 18cm×19cm，内径 13cm×14cm，深 8cm。每窝产卵 4~5 枚。卵梨形、尖卵圆形、卵圆形，淡黄白色，大小为（25~29mm）×（18~20mm），重 5~6g。雌鸟孵卵，孵化期 15~16 天。雌、雄共同育雏，育雏期 21~23 天。

居留型　留鸟（R）。

保护与濒危等级　《中国生物多样性红色名录》无危（LC）；《IUCN 红色名录》无危（LC）。

保护区相关记录　首次记录为第一次综合科考（1984）。翁少平（2014）、张雁云（2017）也有记录。

175 八哥 黑八哥、鸲鹆

Acridotheres cristatellus (Linnaeus, 1758)

目 雀形目 PASSERIFORMES
科 椋鸟科 Sturnidae

英文名 Crested Myna

形态特征 中型鸟类，体长 23~28cm。通体乌黑色；矛状额羽延长成簇状，耸立于嘴基，形如冠状，头顶至后颈、头侧、颊和耳羽呈矛状，绒黑色，具蓝绿色金属光泽；其余上体缀有淡紫褐色，不如头部黑色且辉亮。两翅与背同色，初级覆羽先端和初级飞羽基部白色，形成宽阔的白色翅斑，飞翔时尤为明显。尾羽绒黑色，除中央 1 对尾羽外，均具白色端斑。下体暗灰黑色，肛周和尾下覆羽具白色端斑。虹膜橙黄色，嘴乳黄色，脚黄色。

栖息环境 主要栖息于海拔 2000m 以下的低山丘陵和山脚平原地带的次生阔叶林、竹林、林缘疏林中，也栖息于农田、牧场、果园和村寨附近的大树上，有时还栖息于屋脊上或田间地头。

生活习性 性活泼，喜结群，常立于水牛背上，或集结于大树上，或成行站在屋脊上，每至暮时常成大群于空中飞舞，噪鸣片刻后栖息。夜宿于竹林、大树或芦苇丛，并与其他椋鸟混群栖息。善鸣叫，尤其是傍晚时甚为喧闹。杂食性，主要以蝗虫、金龟甲、毛虫、地老虎、蝇、虻等昆虫和蛇为食，也吃植物果实和种子等植物性食物，往往追随农民和耕牛后边啄食犁出土面的蚯蚓、昆虫、蠕虫等，又喜啄食牛背上的虻、蝇和虱。

地理分布 保护区记录于碑排、道均垟以及周边村庄。浙江省各地广布。国内分布于浙江、北京、山东、河南南部、陕西南部、甘肃南部、新疆南部、云南、四川、重庆、贵州、湖北、湖南、江西、江苏、上海、福建、广东、香港、澳门、广西。

繁殖 繁殖期 4—8 月。有时也成小群集中营巢。营巢于树洞、建筑物洞穴中。巢内垫草根、草茎、草叶、藤条、羽毛、碎片、蛇皮、塑料薄膜等，巢无固定形状。每窝产卵 3~6 枚，多为 4~5 枚。卵蓝绿色而富有光泽，大小为（27.3~33.3mm）×（19.6~22.0mm）。

居留型 留鸟（R）。

保护与濒危等级 《中国生物多样性红色名录》无危（LC）;《IUCN 红色名录》无危（LC）。

保护区相关记录 首次记录为翁少平（2014）。张雁云（2017）也有记录。

176 黑领椋鸟 花鹩哥

Gracupica nigricollis (Paykull, 1807)

| 目 | 雀形目 PASSERIFORMES |
| 科 | 椋鸟科 Sturnidae |

英文名 Black-collared Starling

形态特征 大型椋鸟，体长 27~29cm。头白色；颈黑色，与下喉和上胸的黑色相连，形成一宽阔的黑色领环，领后颈黑色，领环后有一窄的白环。背和尾上覆羽黑褐色或褐色，具灰色或白色尖端，但此白色尖端常常被磨损而不显或缺失。腰白色。尾黑褐色，具白色端斑，且越往外侧，白色端斑越大。两翅黑色；初级覆羽白色，中覆羽和大覆羽具白色尖端；初级飞羽黑色，先端微白色，次级飞羽和三级飞羽黑褐色且具白色端斑。下体白色，下喉至上胸黑色，向两侧延伸，与后颈的黑环相连，形成一宽阔的黑色领环。虹膜乳灰色或黄色，眼周裸皮黄色；嘴黑色；脚绿黄色或褐黄色。

栖息环境 主要栖息于山脚平原、草地、农田、灌丛、荒地等开阔地带。

生活习性 常成对或成小群活动，有时也见与八哥混群。鸣声单调、嘈杂，常且飞且鸣，特别是当人接近的时候，常常发出嘈杂的叫声。常学习其他鸟类的发声。白天活动，不时在空中飞翔，休息时和夜间多停栖息于高大乔木上。觅食多在地上。主要以甲虫、鳞翅目幼虫、蝗虫等昆虫为食，也吃蚯蚓、蜘蛛等其他无脊椎动物和植物果实、种子等。

地理分布 早期科考资料有记载，但本次调查未见。浙江省内见于湖州、杭州、绍兴、宁波、台州、金华、衢州、温州。国内分布于浙江、陕西、云南、四川、重庆、贵州、湖北、湖南、安徽、江西、江苏、上海、福建、广东、香港、澳门、广西南部、海南、台湾。

繁殖 繁殖期 4—8 月。营巢于高大乔木上，置巢于树冠层枝杈间。巢为有圆形顶盖的半球形，也有呈瓶状的，结构庞大，较粗糙而松散，主要就地取材，由枯枝、枯草茎和枯草叶构成。每窝产卵 4~6 枚。卵为卵圆形，白色或淡蓝绿色，大小为（29.4~37.4mm）×（21.5~24.5mm）。

居留型 留鸟（R）。

保护与濒危等级 《中国生物多样性红色名录》无危（LC）;《IUCN 红色名录》无危（LC）。

保护区相关记录 首次记录为张雁云（2017）。

177 紫背椋鸟

Agropsar philippensis (Forster, JR, 1781)

目	雀形目 PASSERIFORMES
科	椋鸟科 Sturnidae

英文名 Chestnut-cheeked Starling

形态特征 小型椋鸟，体长约 19cm。雄鸟额、头顶、后枕乳白色，颊、耳羽、头侧、颈侧栗色。背、肩、腰黑色且具紫色金属光泽，腰混杂少许白色。翅上小覆羽同背，中覆羽白色，形成明显的白色翅斑，大覆羽和初级覆羽黑色且具金属光泽。飞羽黑色且具铜绿色金属光泽。尾上覆羽淡橙黄色，尾黑色且具铜绿色金属光泽。颏、喉乳白色，上胸灰褐色，有时缀有赤褐色，下胸和体侧灰白色，下体中部白色，尾下覆羽栗皮黄色，腋羽和翼下覆羽白色。雌鸟头、背灰褐色，腰和尾上覆羽褐色，尾上覆羽缀有赭皮黄色，颊、额和喉污白色且微缀黄色，胸污白色，腹和两胁灰白色。两翅暗褐灰色，内侧飞羽具灰绿色金属光泽，中覆羽具宽的白色尖端，翅上白斑明显较雄鸟为小。虹膜橘红色；嘴黑色；脚黑色或橄榄绿色。

栖息环境 主要栖息于低山丘陵和开阔平原地带的疏林草甸、河谷阔叶林、散生老龄树的林缘灌丛和次生阔叶林，也栖息于农田、路边和居民点附近的小块树林中，也出现于城镇公园和海岸地带。

生活习性 繁殖期多成对活动，其他季节常成批结群活动于树枝间。在空中穿梭捕食昆虫，有时也在地上觅食。飞翔时鼓翅迅速，成横队直线飞行，喜盘旋飞翔于树梢附近。食物主要有鳞翅目、鞘翅目、直翅目、膜翅目和双翅目等昆虫；秋冬季则主要以植物果实和种子为主。

地理分布 早期科考资料有记载，但本次调查未见。浙江省内见于杭州、舟山、温州、丽水。国内分布于浙江、云南东南部、湖北、江西、江苏、上海、福建、广东、香港、台湾。

繁殖 繁殖期 5—7 月。营巢于阔叶树天然树洞或啄木鸟废弃的树洞中，也在电线杆顶端空洞中和人工巢箱中营巢，雌、雄鸟共同筑巢。巢呈碗状，主要由树皮、枯草茎、枯草叶、草根、纸屑等材料构成，内垫羽毛和细草茎。每窝产卵通常 4~6 枚，1 天产 1 枚卵。卵为长卵圆形，青绿色或淡蓝色，光滑无斑，大小为（25~26mm）×（18~19mm）。第 4 枚卵产出后即开始孵卵，孵卵主要由雌鸟承担，有时雄鸟亦参与，孵化期 12~13 天。雏鸟晚成性，雌、雄亲鸟共同育雏。

居留型 旅鸟（P）。

保护与濒危等级 《中国生物多样性红色名录》无危（LC）；《IUCN 红色名录》无危（LC）。

保护区相关记录 首次记录为张雁云（2017）。

178 **灰背椋鸟** 噪林鸟、白肩椋鸟

| 目 | 雀形目 PASSERIFORMES |
| 科 | 椋鸟科 Sturnidae |

Sturnia sinensis (Gmelin, JF, 1788)

英文名 White-shouldered Starling

形态特征 小型椋鸟，体长 17~20cm。雄鸟额和头顶白色或污灰白色，头侧、颈侧、后颈、背灰色至暗灰色，有时微沾棕色，腰和尾上覆羽灰白色，微沾淡紫色或棕黄色。中央尾羽金属暗绿色，尖端灰色或灰白色，其余尾羽基部一半暗金属绿色，末端外翈灰色，内翈白色。肩和翅上覆羽白色。飞羽黑色，内侧初级飞羽、次级飞羽外翈以及三级飞羽具铜绿色或蓝色金属光泽。颏、喉白色，胸淡灰色，两胁和尾下覆羽淡棕色，其余下体白色。雌鸟与雄鸟大致相似，但头和背均为灰色或暗灰色，肩和翅覆羽白色减少，小覆羽和肩羽均与背同为灰色，第 1 枚肩羽白色，中覆羽和大覆羽白色或黑色。虹膜淡蓝色，嘴蓝色，脚铅灰色。

栖息环境 主要栖息于低山、平原及丘陵之开阔地带，尤其喜好附近有树林的旱田环境，亦出现在农田、住房附近。

生活习性 群聚性强，活泼好动，常与其他椋鸟、八哥混群，并在傍晚前聚集于树枝、屋顶或电线等明显目标上，然后进入树林一起夜栖。叫声沙哑和尖厉。杂食性，主要以榕果、浆果等植物果实、种子，以及昆虫为食。

地理分布 早期科考资料有记载，但本次调查未见。浙江省内见于杭州、宁波、舟山、台州、衢州、温州。国内分布于浙江、云南东南部、四川西南部、贵州南部、湖北、湖南南部、江西、福建、广东、香港、澳门、广西、海南、台湾。

繁殖 繁殖期 3—7 月。营巢于阔叶树天然树洞或啄木鸟废弃的树洞中，也在房屋墙壁或裂缝中营巢。通常成群到达繁殖地，4 月末至 5 月初开始分散成对，5 月初至 5 月中旬即开始寻找巢位筑巢，有时在繁殖期亦见有成小群在一起营巢繁殖的，雌、雄鸟共同筑巢。巢呈碗状，主要由枯草茎、枯草叶、草根等材料构成，内垫羽毛和细草茎。每窝通常产卵 4~5 枚。卵为长卵圆形，蓝绿色，光滑无斑，大小为（24.2~25.0mm）×（17.2~18.8mm）。孵卵主要由雌鸟承担，有时雄鸟亦参与，孵化期 12~13 天。雏鸟晚成性，雌、雄亲鸟共同育雏。

居留型 夏候鸟（S）。

保护与濒危等级 《中国生物多样性红色名录》无危（LC）;《IUCN 红色名录》无危（LC）。

保护区相关记录 首次记录为翁少平（2014）。张雁云（2017）也有记录。

179　丝光椋鸟　牛屎八哥、丝毛椋鸟

Spodiopsar sericeus (Gmelin, JF, 1789)

目　雀形目 PASSERIFORMES
科　椋鸟科 Sturnidae

英文名　Red-billed Starling、Silky Starling

形态特征　中型椋鸟，体长 20~23cm。雄鸟整个头和颈白色微缀有灰色，有时还沾有皮黄色，这些羽毛狭窄而尖长，呈矛状，披散至上颈，悬垂于上胸。背灰色，颈基处较暗，往后逐渐变浅，到腰和尾上覆羽为淡灰色；肩外缘白色。两翅和尾黑色且具蓝绿色金属光泽，小覆羽具宽的灰色羽缘，初级飞羽基部有显著白斑，外侧大覆羽具白色羽缘。头侧、颏、喉和颈侧白色；上胸暗灰色，有的向颈侧延伸至后颈，形成 1 个不甚明显的暗灰色环；下胸和两胁灰色；腹至尾下覆羽白色，腋羽和翅下覆羽亦为白色。雌鸟与雄鸟大致相似，头顶棕白色，头顶后部至后颈暗灰色，其余上体灰褐色，往后变淡。腰和尾上覆羽灰色，额、颏、喉、眉纹和耳羽灰白色，胸淡皮黄灰色，其余下体灰白色，两翅和尾似雄鸟。虹膜黑色；嘴朱红色，尖端黑色；脚橘黄色。

栖息环境　主要栖息于海拔 1000m 以下的低山丘陵和山脚平原地区的次生林、小块树林、稀树草坡等开阔地带，尤以农田、道路、旷野和村落附近的稀疏林间较常见，也出现于河谷和海岸。

生活习性　除繁殖期成对活动外，常成 3~5 只的小群活动，偶尔亦见 10 多只的大群。常

在地上觅食，有时亦见与其他鸟类一起在农田和草地上觅食。性较胆怯，见人即飞，鸣声清甜、响亮。杂食性，主要以昆虫为食，尤其喜食地老虎、甲虫、蝗虫等农林害虫，也吃桑椹、榕果等植物果实与种子。

地理分布 保护区记录于碑排、道均垟等地。浙江省各地广布。国内分布于浙江、辽宁、北京、天津、河北、山东、河南南部、陕西南部、内蒙古中部、甘肃、云南南部、四川中部和东部、重庆、湖北、湖南、安徽南部、江西、江苏、上海、福建、广东、香港、澳门、广西、海南、台湾。

繁殖 繁殖期5—7月。营巢于阔叶树天然树洞或啄木鸟废弃的树洞中，也在水泥柱顶端空洞中和人工巢箱中营巢。通常成群到达繁殖地，4月末至5月初开始分散成对，5月初至5月中旬即开始寻找巢位筑巢，雌、雄鸟共同筑巢。有时亦见有成小群在一起营巢繁殖的，未见明显占区和种内竞争现象。巢呈碗状，主要由枯草茎、枯草叶、草根等材料构成，内垫羽毛和细草茎。每窝产卵通常5~7枚，1天产1枚卵。卵为长卵圆形，淡蓝色，光滑无斑，大小为28.5mm×20.4mm。孵卵主要由雌鸟承担，有时雄鸟亦参与孵卵，孵化期12~13天。雏鸟晚成性，雌、雄亲鸟共同育雏。

居留型 留鸟（R）。

保护与濒危等级 《中国生物多样性红色名录》无危（LC）;《IUCN红色名录》无危（LC）。

保护区相关记录 首次记录为翁少平（2014）。张雁云（2017）也有记录。

180 **灰椋鸟** 高粱头

Spodiopsar cineraceus (Temminck, 1835)

目　雀形目 PASSERIFORMES
科　椋鸟科 Sturnidae

英文名　White-cheeked Starling

形态特征　中型鸟类，体长 20~24cm。雄鸟自额、头顶、头侧、后颈和颈侧黑色且微具光泽，额和头顶前部杂有白色，眼先、眼周灰白色且杂有黑色，颊和耳羽白色且杂有黑色。背、肩、腰和翅上覆羽灰褐色，小翼羽和大覆羽黑褐色，飞羽黑褐色，初级飞羽外翈具狭窄的灰白色羽缘，次级和三级飞羽外翈白色羽缘变宽。尾上覆羽白色，中央尾羽灰褐色，外侧尾羽黑褐色，内翈先端白色。颏白色，喉、前颈和上胸灰黑色且具不甚明显的灰白色矛状条纹。下胸、两胁和腹淡灰褐色，腹中部和尾下覆羽白色。翼下覆羽白色，腋羽灰黑色且杂有白色羽端。雌鸟与雄鸟大致相似，但仅前额杂有白色，头顶至后颈黑褐色；颏、喉淡棕灰色，上胸黑褐色且具棕褐色羽干纹。虹膜褐色；嘴橙红色，尖端黑色；跗跖和趾橙黄色。

栖息环境　主要栖息于低山丘陵和开阔平原地带的疏林草甸、河谷阔叶林，也栖息于农田、路边和居民点附近的小块树林中。

生活习性　性喜成群，除繁殖期成对活动外，其他时候多成群活动。常在草甸、河谷、农田等潮湿地上觅食，休息时多栖息于电线上、电线杆上和树木枯枝上。飞行迅速，整群飞行。鸣声低微而单调。当一只受惊起飞，其他则纷纷响应，整群而起。杂食性；主要吃鳞翅目、鞘翅目、直翅目、膜翅目和双翅目等昆虫；秋冬季则主要以植物果实和种子为主。

地理分布　保护区见于里光溪。浙江省各地广布。除西藏外，分布于国内各省份。

繁殖　繁殖期 5—7 月。营巢于阔叶树天然树洞或啄木鸟废弃的树洞中，也在水泥柱顶端空洞中和人工巢箱中营巢。通常成群到达繁殖地，4 月末至 5 月初开始分散成对，5 月初至 5 月中旬即开始寻找巢位筑巢，雌、雄鸟共同筑巢。有时在繁殖期亦见有成小群在一起营巢繁殖的，未见明显占区和种内竞争现象。巢呈碗状，主要由枯草茎、枯草叶、草根等材料构成，内垫羽毛和细草茎。每窝产卵通常 5~7 枚，偶尔有多至 8 枚和少至 4 枚的，1 天产 1 枚卵。卵为长卵圆形，翠绿色或鸭蛋绿色，大小为（28~30mm）×（20~22mm）。第 4 枚卵产出后即开始孵卵，孵卵主要由雌鸟承担，有时雄鸟亦参与，孵化期 12~13 天。雏鸟晚成性，雌、雄亲鸟共同育雏。

居留型　冬候鸟（W）。

保护与濒危等级　《中国生物多样性红色名录》无危（LC）;《IUCN 红色名录》无危（LC）。

保护区相关记录　首次记录为翁少平（2014）。张雁云（2017）也有记录。

181 橙头地鸫 黑耳地鸫

Geokichla citrina (Latham, 1790)

目 雀形目 PASSERIFORMES
科 鸫科 Turdidae

英文名 Orange-headed Thrush

形态特征 中型鸟类，体长 18~22cm。雄鸟前额、头顶、头侧、枕、后颈和颈侧鲜橙棕色或橙栗色，尤以头顶羽色较深。背、肩、腰和尾上覆羽等上体蓝灰色；两翅黑褐色，翅上覆羽和飞羽外翈带蓝灰色，除云南亚种外，翅上中覆羽和大覆羽具白色端斑，在翅上形成明显的白色横斑。尾羽暗褐色，中央尾羽沾蓝灰色，外侧尾羽内翈褐色，隐约有黑褐色横斑，外翈蓝灰色或仅外翈羽缘蓝灰色，尖端白色。下体颏、喉、胸、上腹和两胁鲜橙棕色或鲜橙栗色，颏和喉色稍淡，下腹、肛周和尾下覆羽白色。雌鸟与雄鸟大致相似，但背、翅等上体不为蓝灰色而为橄榄灰色或橄榄褐色，翅上大覆羽具白色先端，中覆羽具灰白色先端，下体橙棕色较雄鸟略浅淡。虹膜褐色或棕褐色，嘴黑褐色或黑色，脚橙黄色或肉黄色。

栖息环境 主要栖息于低山丘陵和山脚地带的山地森林中，尤喜茂密的常绿阔叶林，也栖息于次生林、竹林、林缘疏林和农田地边小块树林中。

生活习性 常单独或成对活动。地栖性，多在地上活动和觅食，有时亦见在树上活动。性胆怯，常躲藏在林下茂密的灌木丛中，不易看见。杂食性，主要以甲虫、竹节虫等昆虫为食，也吃植物果实和种子。

地理分布 保护区记录于道均垟。浙江省内见于杭州、宁波、温州、丽水。国内分布于浙江、河南南部、陕西、安徽、江苏。

繁殖 繁殖期 5—7 月。雌、雄鸟共同筑巢。巢多置于灌木上或小树上，距地高 0.9~5.0m。巢呈杯状，主要由细枝、枯草茎和草叶等构成，巢外面有大量的绿色苔藓，内垫细根。每窝产卵 3~4 枚，偶尔 5 枚。卵的颜色变化较人，从淡绿蓝色、粉红色到乳黄白色，被红褐色或红紫色斑点，大小为（21.0~27.7mm）×（17.0~21.3mm）。孵卵由雌、雄鸟轮流承担。雏鸟晚成性，雌、雄亲鸟共同育雏。

居留型 夏候鸟（S）。

保护与濒危等级 《中国生物多样性红色名录》无危（LC）;《IUCN 红色名录》无危（LC）。

保护区相关记录 2020 年科考新增物种。

185 乌灰鸫 日本乌鸫

Turdus cardis Temminck, 1831

目 雀形目 PASSERIFORMES
科 鸫科 Turdidae

英文名 Japanese Thrush

形态特征 中型鸟类，体长 20~23cm。雄鸟整个头、颈、额、喉和胸均为深黑色，其余上体黑色或黑灰色，两翅和尾亦为黑色，飞羽内翈黑褐色。下体除颏、喉、胸为黑色外，其余下体全为白色，两胁和覆腿羽缀有灰色，腹和两胁具稀疏的黑色斑点；眼周有一黄色圈。雌鸟上体橄榄色；额至后颈橄榄褐色，腰部较灰色；耳羽橄榄褐色且具白色羽干纹；两翅和尾褐色，外翈羽缘灰棕色，飞羽内翈暗褐色。颏、喉灰白色，微沾栗红色，且缀有黑褐色斑点，两侧斑点连成 1 条线状；上胸灰色且具黑褐色斑点，胸侧、两胁、腋羽和翼下覆羽橙栗色，胸和两胁杂有黑色斑点，有的两胁呈橄榄灰色且微沾橙栗色，腹中部和尾下覆羽白色。雌性幼鸟上体棕褐色且具细的淡黄色羽干纹，飞羽内翈暗褐色。颏、喉皮黄色，两侧具黑色斑点，并连成线状；胸、腹和尾下覆羽浓黄白色，羽端棕褐色；腋羽皮黄色，覆腿羽栗黄色。雄性幼鸟上体黑灰色，羽端微沾橄榄棕色；两翅黑褐色，大覆羽具棕白色端斑。前胸棕白色，羽端白色，后胸黑色，羽端沾棕白色；腹淡棕白色且具黑色端斑；尾下覆羽白色，两胁灰色。虹膜褐色；脚黄色或褐色；嘴春季黄色，秋季褐色。

栖息环境 主要栖息于海拔 2000m 以下的山地森林中，尤以阔叶林、针阔叶混交林、人工松树林和次生林中较多，秋冬季节也出入于林缘灌丛、村寨和农田附近的小林内。

生活习性 常单独活动，迁徙时结为小群。地栖性，藏身于茂密植物丛及林内，多在林下地上觅食。甚羞怯、胆小、易受惊。繁殖期善于鸣叫，鸣声悦耳。主要以昆虫为食，也吃植物果实与种子，冬天主要吃树上的果实。

地理分布 保护区各地均有记录。浙江省各地广布。国内分布于浙江、北京、山东、河南南部、云南东南部、四川、贵州、湖北西部、湖南、安徽北部、江西、江苏、上海、福建、广东、香港、澳门、广西、海南、台湾。

繁殖 繁殖期 5—7 月。通常营巢于林下小树枝杈上，距地高 1.0~4.5m。巢呈杯状，主要由苔藓、枯草茎、草根、树根、泥土等构成，内垫细草茎，有时亦垫兽毛或羽毛。每窝产卵 3~5 枚。卵蓝色、暗蓝色或灰蓝色，被淡褐色或紫罗兰色斑点，平均大小为 26.4mm × 18.9mm。

居留型 旅鸟（P）。

保护与濒危等级 《中国生物多样性红色名录》无危（LC）;《IUCN 红色名录》无危（LC）。

保护区相关记录 首次记录为张雁云（2017）。

186 乌鸫 黑鸫、乌鸪

Turdus mandarinus Bonaparte, 1850

目 雀形目 PASSERIFORMES
科 鸫科 Turdidae

英文名 Eurasian Blackbird、Common Blackbird

形态特征 中型鸟类，体长 26~28cm。雄鸟全身大致黑色、黑褐色或乌褐色，有的沾锈色或灰色。下体色稍淡；颏缀以棕色羽缘；喉微染棕色而微具黑褐色纵纹。雌鸟较雄鸟色淡，喉、胸有暗色纵纹。虹膜褐色，眼珠橘黄色，眼周橙黄色；嘴橙黄色或黄色；脚黑色。

栖息环境 主要栖息于次生林、阔叶林、针阔叶混交林和针叶林等各种不同类型的森林中，尤其喜欢栖息在林区外围、林缘疏林、农田旁树林、果园和村镇附近的小树丛中，也进入城市各种绿地。

生活习性 常结小群在地面上奔驰，亦常至垃圾堆及厕所等处找食。胆小，对外界反应灵敏，夜间受到惊吓时会飞离原栖地。主要以鳞翅目、双翅目、鞘翅目、直翅目昆虫为食，也吃樟树籽（食后将籽核吐出）、榕果等果实，以及杂草种子等。

地理分布 保护区记录于堓垟、道均垟、半东坑、洋溪等地。浙江省各地广布。国内分布于浙江、北京、河北、山东、河南、山西、陕西、内蒙古中部、甘肃南部、云南、四川、重庆、贵州、湖北、湖南、安徽、江西、江苏、上海、福建、广东、香港、澳门、广西、海南、台湾。

繁殖 繁殖期 4—7 月。通常营巢于村庄附近、房前屋后和田园中乔木主干分枝处或棕榈树的叶柄间，巢距地高 2~15m。巢呈碗状，主要由苔藓、稻草、根、茎、叶，并掺杂棕榈丝、泥土编织而成，巢底、巢沿及内壁糊有一层稀泥，内垫少许棕榈丝、须根等柔软物质；巢的大小为外径 16~17cm，内径 11~13cm，高 9~13cm，深 7~9cm，巢间距 20m 以上。每天或隔天产卵 1 枚，每窝产卵 4~6 枚。卵卵圆形，淡蓝灰色或近白色，缀以赭褐色斑点，大小为（27.3~32.5mm）×（19.8~23.0mm）。卵产齐后开始孵卵，由雌鸟单独承担，孵化期 14~15 天。雏鸟晚成性，由雌、雄亲鸟共同育雏。

居留型 留鸟（R）。

保护与濒危等级 《中国生物多样性红色名录》无危（LC）；《IUCN 红色名录》无危（LC）。

保护区相关记录 首次记录为翁少平（2014）。张雁云（2017）也有记录。

187 白眉鸫

Turdus obscurus Gmelin, JF, 1789

目　雀形目 PASSERIFORMES
科　鸫科 Turdidae

英文名　Eyebrowed Thrush

形态特征　中型鸟类，体长 19~23cm。雄鸟额、头顶、枕、后颈灰褐色，头顶略沾橄榄褐色；其余上体，包括肩、背、腰、尾上覆羽以及两翅内侧表面概为橄榄褐色。飞羽和覆羽内翈黑褐色，外翈淡橄榄褐色，尾羽暗褐色。眼先黑褐色，眉纹白色、长而显著，眼下有一白斑，其余头侧和颈侧灰色沾褐色，耳羽灰褐色且具细的白色羽干纹。颊白色；喉羽基白色，羽端灰色或灰褐色，具少许黑色斑点；胸和两胁橙棕色或橙黄色；腹白色；尾下覆羽亦为白色，但羽基边缘缀有橄榄褐色，腋羽和翼下覆羽灰色。雌鸟上体橄榄褐色，颏、喉白色且具暗褐色纵纹，胸和两胁橙棕色或橙黄色，腋羽和翼下覆羽浅橙黄色沾灰色，其余似雄鸟。虹膜褐色；上嘴褐色，下嘴黄色；脚雌鸟黄绿色，雄鸟褐红色。

栖息环境　繁殖期主要栖息于海拔 1200m 以上的针阔叶混交林、针叶林和杨桦林中，尤以河谷等水域附近茂密的混交林较常见，迁徙和越冬期间也见于常绿阔叶林、杂木林、人工松树林、林缘草坡、果园和农田地带。

生活习性　常单独或成对活动，迁徙季节亦见成群。性胆怯，常躲藏在茂密的林下灌木丛间的地上活动和觅食。杂食性，主要以鞘翅目、鳞翅目等昆虫为食，也吃其他小型无脊椎动物和植物果实、种子。

地理分布　保护区记录于芳香坪。浙江省内见于杭州、绍兴、宁波、舟山、台州、金华、衢州、温州、丽水。除西藏外，分布于国内各省份。

繁殖　繁殖期 5—7 月。通常营巢于林下小树或高的灌木枝杈上，距地面高 1~5m。巢呈杯状，主要由细树枝、枯草茎、须根和泥土等构成；巢的大小为外径 12cm，内径 9cm，高 10cm，深 5cm。1 年繁殖 1 窝，每窝产卵 4~6 枚，多为 5~6 枚。卵的大小为（24.0~30.5mm）×（19.2~21.5mm）。

居留型　旅鸟（P）。

保护与濒危等级　《中国生物多样性红色名录》无危（LC）；《IUCN 红色名录》无危（LC）。

保护区相关记录　2020 年科考新增物种。

188 白腹鸫

Turdus pallidus Gmelin, JF, 1789

目　雀形目 PASSERIFORMES
科　鸫科 Turdidae

英文名　Pale Thrush

形态特征　中型鸟类，体长 21~24cm。雄鸟额、头顶、枕灰褐色，额基较褐；眼先、颊和耳羽黑褐色，耳羽具浅黄白色细纹。其余上体，包括背、肩、腰、尾上覆羽和两翅内侧表面概为橄榄褐色；初级覆羽、初级飞羽灰褐色，外翈羽缘缀有灰色，次级飞羽和三级飞羽外翈缀有橄榄褐色，内翈黑褐色。尾灰褐色，最外侧 2~3 对尾羽具宽阔的白色端斑。颏乳白色，羽干末端延长成须状；上喉白色，羽端缀有褐灰色，因而使喉部白色多被掩盖起来而不甚显露；下喉、胸和两胁灰褐色；腹中部至尾下覆羽白色沾灰色，尾下覆羽常具灰色或灰褐色斑点。雌鸟与雄鸟相似，但喉白色，仅两侧有少许灰色，头部褐色亦较浓，初级飞羽、初级覆羽和尾羽亦为褐色。虹膜褐色；上嘴褐色，下嘴黄色，嘴尖淡褐色；脚黄色。

栖息环境　主要栖息于海拔 1200m 以下茂密的针阔叶混交林中，多在海拔 700~1000m 的混交林中的河谷与溪流两岸活动。迁徙期间多活动在低海拔的林缘、耕地和道路旁小树林中。

生活习性　多在森林下层灌木间或地上活动和觅食。除繁殖期单独或成对活动外，其他季节多成群。性胆怯，善藏匿。杂食性，主要以步甲、蝗虫、蚂蚁及鳞翅目、双翅目等昆虫为食，也吃蜘蛛等其他小型无脊椎动物和植物果实、种子。

地理分布　保护区记录于芳香坪。浙江省各地广布。国内见于各省份。

繁殖　繁殖期 5—7 月。雄鸟在繁殖期常站在巢附近的高树顶端枝叶间鸣唱，并频繁与雌鸟追逐于树丛间。通常营巢于林下小树或灌木枝杈上，营巢位置多选择在混交林中溪流附近，巢距地高 1~5m。巢主要由细树枝、枯草茎、枯草叶、苔藓和泥土构成，巢内垫以草根和松针，泥土除用来糊巢内壁外，在巢中间和外层也有，使巢甚为坚固严密；巢呈碗状，大小为外径（12~15cm）×（12~14cm），内径（8~10cm）×（8~9cm），高 8~9cm，深5~8cm。巢筑好后即开始产卵，1 年繁殖 1 窝，每窝产卵 4~6 枚。卵为椭圆形，鸭蛋绿色，密布一些大小不一的锈褐色斑，大小为（27~30mm）×（20~22mm），重 5.2~6.0g。孵卵由雌鸟承担，孵化期 12~14 天。雏鸟晚成性，雌、雄亲鸟轮流寻食喂雏，育雏期 13~15 天。

居留型　冬候鸟（W）。

保护与濒危等级　《中国生物多样性红色名录》无危（LC）；《IUCN 红色名录》无危（LC）。

保护区相关记录　首次记录为翁少平（2014）。张雁云（2017）也有记录。

189　红尾斑鸫　红尾鸫

Turdus naumanni Temminck, 1820

目　雀形目 PASSERIFORMES
科　鸫科 Turdidae

英文名　Naumann's Thrush

形态特征　中型鸟类，体长 20~24cm。雄鸟上体从额、头顶、枕、后颈、背、肩、腰一直到尾上覆羽橄榄褐色。头顶至后颈和耳羽具黑色羽干纹；眼先黑色，眉纹淡棕红色或黄白色，腰有时具少许栗斑。尾上覆羽具栗斑或主要为棕红色而稍染橄榄褐色，两翅黑褐色，大覆羽外翈羽缘棕白色或棕红色，飞羽黑褐色，外翈羽缘亦为棕白色或棕红色。中央 1 对尾羽黑褐色或暗橄榄褐色，羽基缘以棕红色；外侧尾羽内翈大都棕红色，外翈黑褐色；最外侧 1 对尾羽几全为棕红色。须、喉和喉侧棕白色或栗色，颏、喉侧具黑褐色斑点，有的此斑一直扩展到整个喉部和上胸。胸、两胁棕栗色，各羽均具白色羽缘；腹白色；尾下覆羽棕红色，羽端白色；腋羽和翼下覆羽棕栗色，亦具白色羽缘。雌鸟与雄鸟相似，但喉和上胸黑斑较多。虹膜褐色；嘴黑褐色，下嘴基部黄色；跗跖淡褐色。

栖息环境　繁殖期主要栖息于桦树林、白杨林、杉木林等各种类型森林和林缘灌丛地带，非繁殖期主要栖息于杨桦林、杂木林、松林和林缘灌丛地带，也出现于农田、地边、果园、村镇附近疏林、灌丛、草地和路边树上。

生活习性　除繁殖期成对活动外，其他季节多成群，特别是迁徙季节，常集成数十只至上百只的大群。性活跃，活动时常伴随着"叽–叽–叽"的尖细叫声，很远即能听见。一般在地上活动和觅食，边跳跃觅食边鸣叫。群的结合较松散，个体间常保持一定距离，彼此朝一定方向协同前进。性大胆，不怕人。主要以昆虫为食，如鳞翅目、双翅目、鞘翅目、直翅目、半翅目昆虫。

地理分布　保护区记录于金竹坪。浙江省各地广布。除西藏、海南外，分布于国内各省份。

繁殖　繁殖期5—8月。通常营巢于树干水平枝杈上，也在树桩或地上营巢，偶尔在悬崖边营巢。巢呈杯状，主要由细树枝、枯草茎、草叶、苔藓等构成，内壁糊有泥土，巢的直径为 12~14cm。每窝产卵 4~7 枚，多为 5~6 枚。卵淡蓝绿色，被褐色斑点，大小为（24.1~30.6mm）×（19.0~21.1mm）。

居留型　冬候鸟（W）。

保护与濒危等级　《中国生物多样性红色名录》无危（LC）；《IUCN 红色名录》无危（LC）。

保护区相关记录　首次记录为翁少平（2014）。张雁云（2017）也有记录。

190　斑鸫　穿草鸡

Turdus eunomus Temminck, 1831

| 目 | 雀形目 PASSERIFORMES |
| 科 | 鸫科 Turdidae |

英文名　Dusky Thrush

形态特征　中型鸟类，体长 20~24cm。指名亚种雄鸟上体从额、头顶、枕、后颈、背、肩、腰一直到尾上覆羽橄榄褐色，头顶至后颈和耳羽具黑色羽干纹；眼先黑色，眉纹淡棕红色或黄白色；腰有时具少许栗斑。尾上覆羽具栗斑或主要为棕红色而稍染橄榄褐色；两翅黑褐色，大覆羽外翈羽缘棕白色或棕红色，飞羽黑褐色，外翈羽缘亦为棕白色或棕红色；中央 1 对尾羽黑褐色或暗橄榄褐色，羽基缘以棕红色，外侧尾羽内翈大都棕红色，外翈黑褐色，最外侧 1 对尾羽几全为棕红色。颏、喉和喉两侧棕白色或栗色，颏、喉两侧具黑褐色斑点，有的一直扩展到整个喉部和上胸。下喉、胸、两胁棕栗色，各羽均具白色羽缘，腹白色；尾下覆羽棕红色，羽端白色；腋羽和翼下覆羽棕栗色，亦具白色羽缘。雌鸟与雄鸟相似，但喉和上胸黑斑较多。北方亚种雄鸟额、头顶、枕、后颈黑褐色且具不甚显著的灰白色或灰色羽缘。上背和两肩亦为黑褐色且具不明显的棕栗色羽缘，有的标本从头至下背黑褐色且具橄榄褐色羽缘，腰和尾上覆羽棕色更著；尾羽黑褐色，除最外侧 1~2 对尾羽外，其余尾羽基部羽缘均缀有棕栗色。两翅黑褐色，外翈缘以棕白色；翅上大覆羽和中覆羽多呈栗棕色且具白色端斑；飞羽黑褐色，除第 1 枚初级飞羽外翈无棕色渲染、内翈基部缀有淡棕色外，其余飞羽内、外翈均缀有棕栗色，且越往内棕栗色所占面积越大，在两翅形成明显的棕栗色翅斑。眼先和耳羽黑褐色，眉纹白色或棕白色，颊棕白色且具黑色斑点。颏、喉棕白色或淡皮黄白色，喉的两侧缀有黑褐色斑点，有的标本黑褐色斑点一直

扩展到整个喉部；胸和两胁黑褐色或黑色且具棕白色或白色羽缘；腹白色；尾下覆羽棕褐色且具白色羽端。雌鸟与雄鸟相似，但上体较少棕色，腋羽和翅下覆羽棕栗色。虹膜褐色；嘴黑褐色，下嘴基部黄色；跗跖淡褐色。

栖息环境　繁殖期主要栖息于桦树林、白杨林、杉木林等各种类型森林和林缘灌丛地带，非繁殖期主要栖息于杨桦林、杂木林、松林和林缘灌丛地带，也出现于农田、地边、果园、村镇附近疏林灌丛草地和路边树上。

生活习性　除繁殖期成对活动外，其他季节多成群，特别是迁徙期间，常集成数十只至上百只的大群。性活跃，活动时常伴随着"叽-叽-叽"的尖细叫声，很远即能听见。一般在地上活动和觅食，边跳跃觅食边鸣叫。群的结合较松散，个体间常保持一定的距离，彼此朝一定方向协同前进。性大胆，不怯人。主要以昆虫为食。所吃食物主要有鳞翅目、双翅目、鞘翅目、直翅目昆虫。

地理分布　保护区记录于上芳香。浙江省各地广布。除西藏外，分布于国内各省份。

繁殖　繁殖期5—8月。通常营巢于树干水平枝杈上，也在树桩或地上营巢，偶尔在悬崖边营巢。巢呈杯状，主要由细树枝、枯草茎、草叶、苔藓等构成，内壁糊有泥土。巢的直径12~14cm。每窝产卵4~7枚，多为5~6枚。卵淡蓝绿色，被褐色斑点，大小为（24.1~30.6mm）×（19.0~21.1mm）。

居留型　冬候鸟（W）。

保护与濒危等级　《中国生物多样性红色名录》无危（LC）;《IUCN红色名录》无危（LC）。

保护区相关记录　首次记录为翁少平（2014）。张雁云（2017）也有记录。

191 宝兴歌鸫 花穿草鸡、歌鸫

Turdus mupinensis Laubmann, 1920

目　雀形目 PASSERIFORMES
科　鸫科 Turdidae

英文名　Eastern Song Thrush、Chinese Thrush

形态特征　中型鸟类，体长 20~24cm。雄鸟上体自额、头顶、枕、后颈、背一直到尾上覆羽橄榄褐色。眉纹淡棕白色，眼先亦为淡棕白色，杂有黑色羽端；眼周、颊和颈侧淡棕白色而稍沾皮黄色，其下部有由黑斑组成的颚纹，耳羽淡棕白色或皮黄白色且具黑色端斑，特别是在后部耳羽端斑较大，形成一显著的黑色块斑。翅上覆羽橄榄褐色，中覆羽和大覆羽具污白色或皮黄色端斑，在翅上形成 2 道淡色翅斑。飞羽暗褐色，外翈羽缘淡棕褐色或橄榄褐色。尾羽暗褐色，外翈羽缘缀橄榄褐色或淡棕褐色。颏、喉棕白色，喉具黑色小斑，其余下体白色，胸部沾黄色，各羽具扇形黑斑；尾下覆羽皮黄色，具稀疏的淡褐色斑点。雌鸟与雄鸟羽色相似，但较暗淡而少光泽。幼鸟与成鸟相似，但上体较棕褐且鲜亮，后颈至上背具浅棕色羽轴纹，小覆羽和中覆羽具鲜亮的皮黄色端斑，大覆羽具黑色端斑，形成一明显的黑色块斑，其余似成鸟。虹膜褐色；嘴暗褐色，下嘴基部淡黄褐色；脚肉色。

栖息环境　主要栖息于海拔 1200~3500m 的山地针阔叶混交林和针叶林中，尤其喜欢在河流附近潮湿茂密的栎树和松树混交林中生活。

生活习性　单独或成对活动，多在林下灌丛中或地上寻食。主要以蜉蝣、蝗虫、鳞翅目、鞘翅目等昆虫为食，最嗜吃鳞翅目幼虫。

地理分布　早期科考资料有记载，但本次调查未见。浙江省内见于杭州、绍兴、宁波、舟山、温州。国内分布于浙江、北京、河北、山东、山西、陕西、内蒙古东部、甘肃、青海东部、云南、四川、重庆、贵州、湖北、湖南、安徽、江西、广东、广西。

繁殖　繁殖期 5—7 月。营巢于海拔 1500m 以上的亚高山针阔叶混交林。巢置于距主干不远的侧枝枝杈上，距地约 2.5m。巢底和巢外围用直径 1.5~3.5mm 粗的枯枝作支架，基底部用枯草茎、枯草根、苔藓和黏土混合构成，牢牢地固定在树杈上，甚为坚固，巢内壁和巢底再用细草茎、纤维编织和铺垫；巢外径 16~19cm，内径 8~9cm，高 10cm，深 5.5cm。每窝产卵 3~5 枚。卵淡蓝灰绿色，被玫瑰红褐色和灰蓝褐色点斑、块斑或渍斑，尤以钝端斑点较密和较大，尖端斑点或块斑小而稀疏，大小为（19.4~19.6mm）×（28.4~29.4mm），重 5.4~5.6g。

居留型　旅鸟（P）。

保护与濒危等级　《中国生物多样性红色名录》无危（LC）;《IUCN 红色名录》无危（LC）。

保护区相关记录　首次记录为第一次综合科考（1984）。翁少平（2014）、张雁云（2017）也有记录。

192 日本歌鸲

Larvivora akahige (Temminck, 1835)

目　雀形目 PASSERIFORMES
科　鹟科 Muscicapidae

英文名　Japanese Robin

形态特征　小型鸟类，体长 13~16cm。雄鸟额、头和颈的两侧、颏、喉及上胸等概深橙棕色，非常夺目，颏部中央微有 1 条黑色细纹；上体包括两翅表面均草黄褐色，此色在头顶上与额的橙棕色相混；尾栗红色；下胸及两胁灰色；上胸和下胸之间有道狭窄黑带；腹和尾下覆羽均白色。下体前部橙棕色，后部中央白色且两胁灰色，彼此相衬益彰。雌鸟上体似雄鸟，但色稍淡，尾转为淡红褐色；雄鸟的橙棕色处变为淡橙黄色，胸无黑带；两胁均为褐色。虹膜黑褐色；嘴暗褐色；脚和趾棕灰色或褐色。

栖息环境　主要栖息于山地针阔叶混交林和针叶林中，也栖息于阔叶林、次生林和林缘疏林地带。

生活习性　常单独或成对活动。地栖性，多在地上和接近地面的灌木或树桩上活动，尤其喜欢在溪流沿岸活动和觅食。性情机警，只要稍稍受惊，就会立刻飞上树枝。繁殖期雄鸟常站在枝头鸣叫，鸣声高而清脆，鸣叫时常昂首举尾、两翅下垂，进入产卵期后鸣叫逐渐减少。杂食性，主要捕食毛虫、甲虫、苍蝇、白蚁、黄蜂等昆虫及蜘蛛，有时也啄食浆果和水果。

地理分布　保护区记录于洋溪。浙江省内见于杭州、宁波、舟山、台州、温州。国内分布于浙江、北京、河北、山东、江苏东部、江西、上海、福建、广东、香港、广西、台湾。

繁殖　繁殖期 5—7 月。营巢于林中地上或河岸岩坡洞穴中，用枯草掩盖，极为隐蔽。巢呈碗状，外壁由枯草茎、草叶、树叶、枯枝及苔藓等构成，内壁由叶柄和细草等编织而成，巢内垫以干草叶和须根。营巢由雌鸟承担，巢筑成后的第二天就开始产卵，每天 1 枚，每窝产卵 5~6 枚。卵为卵圆形，呈天蓝色或蓝绿色，光滑无斑，仅钝端有一淡色环带，大小为（21.6~22.9mm）×（15.8~16.5mm）。孵卵由雌鸟承担，孵化期 12~15 天。

居留型　冬候鸟（W）。

保护与濒危等级　《中国生物多样性红色名录》无危（LC）;《IUCN 红色名录》无危（LC）。

保护区相关记录　2020 年科考新增物种。

193　北红尾鸲　灰顶茶鸲、红尾溜

Phoenicurus auroreus (Pallas, 1776)

目　雀形目 PASSERIFORMES
科　鹟科 Muscicapidae

英文名　Daurian Redstart

形态特征　小型鸟类，体长 13~15cm。雄鸟额、头顶、后颈至上背灰色或深灰色，个别个体为灰白色，下背黑色腰和尾上覆羽橙棕色。中央 1 对尾羽黑色，最外侧 1 对尾羽外翈具黑褐色羽缘，其余尾羽橙棕色。两翅覆羽和飞羽黑色或黑褐色，次级飞羽和三级飞羽基部白色，形成 1 道明显的白色翅斑。前额基部、头侧、颈侧、颏、喉和上胸黑色，其余下体橙棕色。秋季刚换上的新羽上体灰色和黑色部分均具暗棕色或棕色羽缘，飞羽和覆羽亦缀有淡棕色羽缘；颏、喉、上胸等黑色部分具灰色窄缘。雌鸟额、头顶、头侧、颈、背、两肩以及两翅内侧覆羽橄榄褐色，其余翅上覆羽和飞羽黑褐色且具白色翅斑，但较雄鸟小，腰、尾上覆羽和尾淡棕色，中央尾羽暗褐色，外侧尾羽淡棕色。下体黄褐色，胸沾棕色，腹中部近白色。眼圈微白色，虹膜暗褐色；嘴、脚黑色。

栖息环境　主要栖息于山地、森林、河谷、林缘、居民点附近的灌丛与低矮树丛中，尤以居民点附近的树林、花园、地边树丛常见，有时也沿公路、河谷伸入大森林中，但亦多在路边林缘地带活动，很少进入茂密的大森林内。

生活习性　常单独或成对活动。行动敏捷，频繁地在地上和灌丛间跳来跳去啄食虫子，偶尔也在空中飞翔捕食。有时还长时间地站在小树枝头或电线上观望，发现地面或空中有昆虫活动时，才立刻急速飞去捕之，然后又返回原处。繁殖期活动范围不大，通常在距巢80~100m 范围内活动，不喜欢高空飞翔。每次飞翔距离都不远，一般是在林间短距离地逐

段飞翔前进。性胆怯，见人即藏匿于树林内。活动时常伴随着"滴–滴–滴"的叫声，声音单调、尖细而清脆，根据声音很容易找到它。停歇时常不断地上下摆尾和点头。主要以昆虫为食，其中雏鸟和幼鸟主要以蛾类、蝗虫和昆虫幼虫为食，成鸟则多以鞘翅目、鳞翅目、直翅目、半翅目、双翅目、膜翅目等昆虫为食。

地理分布　保护区冬季记录较多，各地均有分布。浙江省各地广布。除新疆外，分布于国内各省份。

繁殖　繁殖期 4—7 月。营巢环境多样，主要营巢于房屋墙壁破洞、缝隙、屋檐、废弃房屋等建筑物上，也营巢于树洞、岩洞、树根下、土坎坑穴中。巢呈杯状，主要由苔藓、树皮、细草茎、草根、草叶等材料构成，有的还掺杂麻、地衣、角瓜藤、棉花等材料，内垫各种兽毛、鸟类羽毛、细草茎、须根等；巢的大小为外径 8~14cm，内径 5~9cm，高 5~10cm，深 3~6cm。营巢由雌、雄亲鸟共同承担，每个巢营造时间 6~10 天。通常 1 天产 1 枚卵，每窝产卵 6~8 枚，以 6~7 枚居多。卵为钝卵圆形或尖卵圆形，鸭蛋青色、鸭蛋绿色和白色等不同色型，均被红褐色斑点，尤以钝端较多，大小为（18~20mm）×（14~16mm），重 1.8~2.1g。孵卵全由雌鸟承担，雄鸟在巢附近警戒，孵化期 13 天，雌鸟在孵化期甚恋巢，特别是孵化后期，有时人到巢前亦不飞。雏鸟晚成性，雌、雄亲鸟共同育雏，经过 13~15 天的喂养，幼鸟即可离巢。

居留型　冬候鸟（W）。

保护与濒危等级　《中国生物多样性红色名录》无危（LC）;《IUCN 红色名录》无危（LC）。

保护区相关记录　首次记录为翁少平（2014）。张雁云（2017）也有记录。

194　红尾水鸲　溪红尾鸲

Rhyacornis fuliginosa (Vigors，1831)

目　雀形目 PASSERIFORMES
科　鹟科 Muscicapidae

英文名　Plumbeous Water Redstart

形态特征　小型鸟类，体长 13~14cm。雄鸟通体暗蓝灰色，两翅黑褐色，尾红色。雌鸟上体暗蓝灰褐色，头顶较多褐色，翅上覆羽和飞羽黑褐色或褐色，内侧次级飞羽和覆羽具淡棕色羽缘，尖端具白色或黄白色斑点，在翅上形成 2 排白色或黄白色斑点；大覆羽、初级飞羽和外侧次级飞羽具褐色或淡色羽缘；尾上覆羽和尾下覆羽白色，尾羽暗褐色，基部白色，并由内向外基部白色范围逐渐扩大，到最外侧 1 对尾羽几全为白色；下体白色且具淡蓝灰色 V 形斑，向后逐渐转为波状横斑，颏沾黄褐色并延伸至颊、眼先和额基等处。虹膜褐色；嘴黑色；脚雄鸟黑色、雌鸟暗褐色。

栖息环境　主要栖息于山地溪流与河谷沿岸，尤以多石的林间或林缘地带的溪流沿岸常见，也出现于平原河谷和溪流，偶尔也见于湖泊、水库、水塘岸边。

生活习性　常单独或成对活动。多站立在水边或水中石头上、公路旁岩壁上或电线上，有时也落在村边房顶上，停立时尾常不断地上下摆动，间或将尾散成扇状，并左右来回摆动。当发现水面或地上有虫子时，则急速飞去捕猎，取食后又飞回原处。有时也在地上快速奔跑啄食昆虫。当有人干扰时，则紧贴水面沿河飞行。杂食性，主要以昆虫为食，如鞘翅目、鳞翅目、膜翅目、双翅目、半翅目、直翅目、蜻蜓目等，也吃少量植物果实和种子，如草莓、悬钩子、荚蒾、胡颓子、马桑和草籽等。

地理分布　保护区各地均有记录。浙江省各地广布。除黑龙江、吉林、辽宁、新疆、台湾外，分布于国内各省份。

繁殖　繁殖期 3—7 月。通常营巢于河谷与溪流岸边，巢多置于岸边悬崖洞隙、岩石或土坎下凹陷处，也在岸边岩石缝隙和树洞中营巢。巢呈杯状或碗状，通常隐蔽性很好，不易被发现。巢主要由枯草茎、枯草叶、草根、细的枯枝、树叶、苔藓、地衣等材料构成，内垫细草茎和草根，有时垫羊毛、纤维和羽毛；巢的大小为外径 10~13cm，内径 5.7~7.0cm，高 6.5~7.0cm，深 3.0~4.5cm。主要由雌鸟营巢，雄鸟仅偶尔参与营巢活动。每窝产卵 3~6 枚，多为 4~5 枚。卵呈卵圆形或长卵圆形，白色或黄白色，也有呈淡绿色或蓝绿色的，被褐色或淡赭色斑点，大小为（17.0~20.0mm）×（13.5~15.5mm）。雌鸟孵卵。雏鸟晚成性，由雌、雄亲鸟共同育雏。

居留型　留鸟（R）。

保护与濒危等级　《中国生物多样性红色名录》无危（LC）;《IUCN 红色名录》无危（LC）。

保护区相关记录　首次记录为第一次综合科考（1984）。翁少平（2014）、张雁云（2017）也有记录。

195　红喉歌鸲　红点颏、西伯利亚歌鸲

Calliope calliope (Pallas, 1776)

目　雀形目 PASSERIFORMES
科　鹟科 Muscicapidae

英文名　Siberian Rubythroat

形态特征　小型鸟类，体长 14~17cm。雄鸟体羽大部分为纯橄榄褐色，额和头顶较暗，沾棕褐色，眉纹和颧纹白色，眼先、颊黑色，耳羽橄榄褐色，有时微具细的淡褐色和沙褐白色羽干纹。两翅覆羽和飞羽暗棕褐色，外翈羽缘棕色。尾上覆羽橄榄褐色，微沾黄棕色，尾羽暗褐色，羽缘浅棕色。下体颏、喉赤红色，外围以黑色的边缘，胸灰色至灰褐色，腹白色且有时微沾浅棕黄色，两胁和尾下覆羽沙褐色或棕褐色。雌鸟羽色与雄鸟大致相似，但颏、喉部不为赤红色而为白色，胸沙褐色，眉纹和颧纹淡黄色且不明显。老的雌鸟颏、喉均沾染红色，其余与雄鸟相似。虹膜褐色或暗褐色；鸟喙黑褐色或暗褐色，基部较浅淡；脚粉褐色或黄色。

栖息环境　主要栖息于低山丘陵和山脚平原地带的次生阔叶林、混交林中，也栖息于平原地带繁茂的草丛或芦苇丛间，尤其喜欢靠近溪流等近水地方。

生活习性　地栖性，一般不在大树上活动，而在地面快速奔驰。常在平原的繁茂树丛、灌木丛、芦苇丛、草丛中间跳跃，或在附近地面奔驰。大多在近水地面觅食，随走随啄，

也在灌木丛低枝上觅食。在地上疾驰时，经常稍稍停顿并将尾羽展开如扇。善模仿蟋蟀、纺织娘、油葫芦、金钟儿等虫的鸣声。杂食性，主要以鞘翅目、鳞翅目、半翅目、直翅目、膜翅目等昆虫为食，也吃少量植物性食物。

地理分布　保护区记录于洋溪。浙江省内见于杭州、绍兴、宁波、舟山、温州、丽水。除西藏外，分布于国内各省份。

繁殖　繁殖期 5—7 月，繁殖期发出多韵而悦耳的鸣声，常清晨、黄昏以至月夜歌唱。营巢于灌丛或草丛掩蔽的树丛的地面上，巢的周围有茂密的灌木或杂草等掩护，不易被人发现。巢呈椭圆形，由杂草、嫩根、枯叶等材料组成，内垫少许兽毛，巢上面封盖成圆顶，巢侧面开一进出口，巢大小为外径 9~13cm，内径 4~8cm。每窝产卵 4~6 枚，多为 5 枚。卵椭圆形，蓝绿色，光滑无斑，大小为（15.0~16.5mm）×（19.0~20.5mm），重 2.0~2.2g。卵产齐后由雌鸟孵卵，雄鸟守候在巢附近警戒，孵化期约为 14 天。雏鸟晚成性，雌、雄亲鸟共同育雏，雏鸟在巢期 13 天左右。

居留型　旅鸟（P）。

保护与濒危等级　国家二级重点保护野生动物；《中国生物多样性红色名录》无危（LC）；《IUCN 红色名录》无危（LC）。

保护区相关记录　2020 年科考新增物种。

196 蓝歌鸲　蓝靛杠、青鸲

Larvivora cyane (Pallas, 1776)

目　雀形目 PASSERIFORMES
科　鹟科 Muscicapidae

英文名　Siberian Blue Robin

形态特征　小型鸟类，体长 12~14cm。雄鸟上体白色，头至尾上覆羽铅蓝色，眼先、头侧和颊部绒黑色。耳羽近黑色，颈侧深蓝色，颊后部有 1 条黑纹沿着颈侧伸至胸侧。两翅内侧覆羽和飞羽与背同色，亦为铅蓝色，外侧飞羽黑褐色，外翈羽缘亦为铅蓝色。尾黑褐色，羽缘沾蓝色。下体自颏、喉、胸到尾下覆羽纯白色。雌鸟上体橄榄褐色，腰和尾上覆羽缀有蓝色。尾黑褐色，除外侧 1 对尾羽外，其余尾羽外翈均缀有蓝色。两翅暗褐色，飞羽外翈淡棕褐色，内翈蓝褐色，眼周棕白色或淡棕色。下体颏、喉白色沾黄棕色，胸皮黄色，羽端沾褐色，胸侧和两胁橄榄褐色，腹白色。虹膜暗褐色；嘴黑色，雌鸟下嘴基部肉褐色；脚和趾肉色。

栖息环境　繁殖期主要栖息于山地针叶林、针阔叶混交林及其林缘地带，尤以河谷沿岸和道路两边森林中常见。非繁殖期也出现于低山丘陵和山脚地带的次生林、阔叶林、疏林灌丛。

生活习性　常单独或成对活动。地栖性，一般多在地上行走和跳跃，很少上树栖息，奔走时尾不停地上下扭动，觅食亦多在林下地上和灌木上。善于隐藏，平时多藏匿在林下灌木丛或草丛中，常常仅听其声，不见其鸟。繁殖期雄鸟善于鸣叫，鸣叫时两翅下垂，并不

断地抬头翘尾。繁殖初期也常站在小灌木枝头鸣叫，但一见人又立刻落入灌丛。鸣声清脆响亮、婉转动听。主要以叶蜂、象甲、叩甲、步甲、蚂蚁等昆虫为食，也吃蜘蛛、小蚌壳等其他无脊椎动物。

地理分布 早期科考资料有记载，但本次调查未见。浙江省内见于杭州、宁波、舟山、温州、丽水。除新疆、青海外，分布于国内各省份。

繁殖 繁殖期5—7月。雌、雄成对营巢，通常营巢于阴暗潮湿和多苔藓的林下地上。巢多置于草丛和苔藓丛中地上凹坑内，亦在灌丛或枯枝落叶层下地面凹坑内营巢，有时也筑巢在土坎、土岩洞穴或塔头墩子上。巢甚隐蔽，呈杯状或碗状，其外层主要由枯草茎、枯草叶、树叶、枯枝和苔藓构成，内层主要为细草茎、叶柄，内垫干草和须根，有时垫兽毛和羽毛；巢的大小为外径8~15cm，内径5.0~9.5cm，高4.2~7.2cm，深4~5cm。一般5月初开始营巢，有的迟至5月中下旬才开始营巢。巢筑好后第二天即开始产卵，通常1天产1枚卵，1年繁殖1窝，每窝产卵5~6枚。卵为卵圆形或长卵圆形，天蓝色或蓝绿色，光滑无斑，仅钝端有一淡色环带，大小为（17~21mm）×（13~16mm），重2.0~2.1g。通常在卵产齐后隔1天才孵卵，孵卵由雌鸟承担，雄鸟在巢附近警戒，卵化期12~13天。雏鸟晚成性，刚孵出的雏鸟仅头顶、眼泡、肩和背部有长的绒毛，其余赤裸无羽，育雏由雌鸟承担。

居留型 旅鸟（P）。

保护与濒危等级 《中国生物多样性红色名录》无危（LC）；《IUCN红色名录》无危（LC）。

保护区相关记录 2020年科考新增物种。

197 红胁蓝尾鸲 蓝尾欧鸲

Tarsiger cyanurus (Pallas, 1773)

目 雀形目 PASSERIFORMES

科 鹟科 Muscicapidae

英文名 Red-flanked Bluetail

形态特征 小型鸟类，体长 13~15cm。雄鸟上体从头顶至尾上覆羽包括两翅内侧覆羽表面概灰蓝色，头顶两侧、翅上小覆羽和尾上覆羽特别鲜亮，呈辉蓝色。尾主要为黑褐色，中央 1 对尾羽具蓝色羽缘，外侧尾羽仅外翈羽缘稍沾蓝色，愈向外侧蓝色愈淡。翅上小覆羽和中覆羽辉蓝色，其余覆羽暗褐色，羽缘沾灰蓝色。飞羽暗褐色或黑褐色，最内侧 2~3 枚飞羽外翈沾蓝色，其余飞羽具暗棕色或淡黄褐色狭缘。眉纹白色沾棕色，自前额向后延伸至眼上方的前部转为蓝色，眼先、颊黑色，耳羽暗灰褐色或黑褐色，杂以淡褐色斑纹。下体颏、喉、胸棕白色，腹至尾下覆羽白色，胸侧灰蓝色，两胁橙红色或橙棕色。雌鸟上体橄榄褐色，腰和尾上覆羽灰蓝色，尾黑褐色亦沾灰蓝色。前额、眼先、眼周淡棕色或棕白色，其余头侧橄榄褐色，耳羽杂有棕白色羽缘。下体与雄鸟相似，但胸沾橄榄褐色，胸侧无灰蓝色。虹膜褐色或暗褐色，嘴黑色，脚淡红褐色或淡紫褐色。

栖息环境 繁殖期主要栖息于海拔 1000m 以上的山地针叶林、针阔叶混交林和山上部林缘疏林灌丛地带，尤以潮湿的冷杉、岳桦林下较常见。迁徙季节和冬季亦见于低山丘陵、山脚平原地带的次生林、林缘疏林、道旁和溪边疏林灌丛中，有时甚至出现于果园和村寨附近的疏林、灌丛、草坡。

生活习性 常单独或成对活动，有时亦见成 3~5 只的小群，尤其是秋季。主要为地栖性，

多在林下地上奔跑或在灌木低枝间跳跃，性甚隐匿，除繁殖期雄鸟站在枝头鸣叫外，一般多在林下灌丛间活动和觅食。停歇时常上下摆尾。红胁蓝尾鸲在中国繁殖，也在中国越冬，既是夏候鸟，也是冬候鸟。杂食性，主要以天牛、蚂蚁、泡沫蝉、金花甲、蛾类幼虫、金龟甲、蚊、蜂等昆虫为食，也吃少量果实与种子等植物性食物。

地理分布　保护区冬季记录较多，各地均有分布。浙江省各地广布。除西藏外，分布于国内各省份。

繁殖　繁殖期6—8月。主要营巢于海拔1000m以上比较茂密的针叶林和岳桦林中。营巢环境一般较为阴暗、潮湿，地势起伏不平，特别爱在高出地面的土坎、突出的树根和土崖上的洞穴中营巢，也有在树干洞穴中营巢的。巢附近常有灌丛、枯枝落叶或苔藓将巢掩盖。营巢由雌、雄亲鸟共同承担，但以雌鸟为主，雄鸟仍不时在巢区内树丛间鸣唱，偶尔参与营巢活动，每个巢营筑时间需7~10天。巢呈杯状，主要由苔藓构成，内面有时垫兽毛和松针；巢大小为外径13.5~15.0cm，内径7.0~7.5cm，深3~4cm。巢筑好后即开始产卵，1年繁殖1窝，每天或隔天产1枚卵，每窝产卵通常4~7枚，多为5~6枚。卵椭圆形，白色，钝端被红褐色细小斑点，常密集于1圈呈环状，大小为（17.5~18.0mm）×（13.0~14.5mm），重2.0~2.5g。卵产齐后即开始孵卵，由雌鸟承担，孵化期14~15天。雏鸟晚成性，孵出后由雌、雄亲鸟共同育雏，育雏期12~14天。

居留型　冬候鸟（W）。

保护与濒危等级　《中国生物多样性红色名录》无危（LC）；《IUCN红色名录》无危（LC）。

保护区相关记录　首次记录为翁少平（2014）。张雁云（2017）也有记录。

198 **鹊鸲** 信鸟、四喜鸟

Copsychus saularis (Linnaeus, 1758)

目 雀形目 PASSERIFORMES
科 鹟科 Muscicapidae

英文名 Oriental Magpie-robin

形态特征 中型鸟类，体长约 21cm。雄鸟头顶至尾上覆羽黑色，略带蓝色金属光泽；飞羽和大覆羽黑褐色，内侧次级飞羽外翈大部和次级覆羽均为白色，构成明显的白色翅斑，其他覆羽与背部同色；中央 2 对尾羽全黑色，外侧第 4 对尾羽仅内翈边缘黑色，余部均白色，其余尾羽都为白色；从颏到上胸部分及脸侧均与头顶同色；下胸至尾下覆羽纯白色。雌鸟与雄鸟相似，但雌鸟以灰色或褐色替代了雄鸟的黑色部分；飞羽和尾羽的黑色较雄鸟浅淡；下体及尾下覆羽的白色略沾棕色。虹膜褐色；嘴黑色；跗跖和趾灰褐色或黑色。

栖息环境 主要栖息于海拔 2000m 以下的低山、丘陵、山脚平原地带的次生林、竹林、林缘疏林灌丛和小块树林等开阔地方，尤喜耕地、路边、房前屋后的树林、竹林、灌丛、果园，甚至出现于城市公园和庭院树上。

生活习性 性活泼、大胆，不畏人，好斗，特别是在繁殖期，常为争偶而格斗。单独或成对活动。休息时常展翅翘尾，有时将尾往上翘到背上，尾梢几与头接触。清晨常高高地站在树梢或房顶上鸣叫，鸣声婉转多变，悦耳动听。尤其是在繁殖期，雄鸟鸣叫更为激昂多变，其他季节早晚亦善鸣，常边鸣叫边跳跃。杂食性，所吃食物种类常见的有鞘翅目、

鳞翅目、直翅目、膜翅目、双翅目、同翅目、异翅目等昆虫，也吃蜘蛛、小螺、蜈蚣等其他小型无脊椎动物，偶尔吃小蛙等小型脊椎动物、植物果实与种子。

地理分布 保护区冬季记录较多，各地均有分布。浙江省各地广布。国内分布于浙江、河南南部、陕西南部、甘肃东南部、云南、四川、重庆、贵州、湖北、湖南、安徽、江西、江苏、上海、福建、广东、香港、澳门、广西、海南。

繁殖 繁殖期4—7月。通常营巢于树洞、墙壁、洞穴、房屋屋檐缝隙等建筑物洞穴中，有时也在树杈处营巢，巢距地高3~4.5m。巢呈浅杯状或碟状，主要由枯草、草根、细枝和苔藓等材料构成，内垫松针、苔藓和兽毛；巢外径8~13cm，内径6.2~8.0cm，高4.5~4.8cm，深2.4~3.5cm，洞口直径7~9cm。每窝产卵通常4~6枚，多为5枚，偶尔也有少至3枚和多至7枚的。卵呈卵圆形，淡绿色、绿褐色、黄色或灰色，密被暗茶褐色、棕色或褐色斑点，尤以钝端较密集，大小为（20.4~23.0mm）×（16.1~17.4mm）。孵卵由雌、雄亲鸟共同承担，孵化期12~14天。雏鸟晚成性，刚孵出的雏鸟赤裸无羽，眼未睁开，体重仅9.5~12.0g，体长51~54mm，翅长15~19mm，跗跖长11~16mm，雌、雄亲鸟共同育雏。

居留型 留鸟（R）。

保护与濒危等级 《中国生物多样性红色名录》无危（LC）;《IUCN红色名录》无危（LC）。

保护区相关记录 首次记录为翁少平（2014）。张雁云（2017）也有记录。

199 小燕尾 小剪尾、点水鸦雀

Enicurus scouleri Vigors, 1832

目　雀形目 PASSERIFORMES
科　鹟科 Muscicapidae

英文名　Little Forktail

形态特征　小型鸟类，体长约13cm。额部、头顶前部、腰和尾上覆羽为白色，腰部白色间横贯1道黑斑；上体余部黑色；两翅黑褐色，大覆羽先端及次级飞羽基部白色，形成1道明显的白色翅斑，内侧飞羽外翈具窄的白缘；中央尾羽先端黑褐色，基部白色，外侧尾羽的黑褐色逐渐缩小，而白色却逐渐扩大，至最外侧1对尾羽几乎全为白色；颏、喉和上胸黑色，下体余部白色，两胁略沾黑褐色。幼鸟黑色部分较成鸟浅淡，额和头顶前部黑褐色，颏、喉和前胸近白色，羽端黑褐色，其余部分与成鸟略同。虹膜黑褐色；嘴黑色；跗跖、趾及爪等均肉白色。

栖息环境　主要栖息于山涧溪流与河谷沿岸，落差大、多瀑布和石头的林区溪流较常见，很少出现在干燥的、无森林覆盖的河流地区，冬季也常下到低山和山脚地带的河流沿岸。

生活习性　多成对或单独活动，常站在山涧溪流边岩石、急流中突出水面的石头、瀑布下的乱石堆上，尾不断地呈扇形散开和关闭，并上下摆动。受惊后则紧贴水面沿溪飞行，并不断发出"吱、吱、吱"叫声。性活泼而大胆，不甚怕人，有时人可以到很近的距离。在岸边陆地上觅食，也在水中觅食，特别喜欢在半沉浸在水中的岩石上和小的瀑布附近觅食，早晨、中午和黄昏觅食活动较为频繁。休息时多蹲伏在溪边灌丛或岩石等隐蔽物下。以水生昆虫为食，主要有鞘翅目、鳞翅目、膜翅目昆虫，也吃蜘蛛等。

地理分布　保护区记录于双坑口、金刚厂等地。浙江省各地广布。国内分布于浙江、陕西南部、甘肃南部、西藏南部、云南、四川、重庆、贵州、湖北、湖南、江西、福建、广东、香港、台湾。

繁殖　繁殖期4—6月。通常营巢于森林中山涧溪流沿岸岩石缝隙间和壁缝上，巢隐蔽甚好，不易被发现。巢呈碗状，以苔藓类和草根等为材编织而成，内垫细草茎和枯叶。巢筑好后即开始产卵，每窝产卵2~4枚，多为3枚。卵为卵圆形，白色、淡粉红色或淡绿色，被红褐色或黄褐色斑点，大小为（19~21mm）×（14~15mm）。孵卵由雌鸟承担。雏鸟晚成性。

居留型　留鸟（R）。

保护与濒危等级　《中国生物多样性红色名录》无危（LC）;《IUCN红色名录》无危（LC）。

保护区相关记录　首次记录为第一次综合科考（1984）。翁少平（2014）、张雁云（2017）也有记录。

200 灰背燕尾 燕尾

Enicurus schistaceus (Hodgson, 1836)

目 雀形目 PASSERIFORMES
科 鹟科 Muscicapidae

英文名 Slaty-backed Forktail

形态特征 中型鸟类，体长 21~24cm。额基、眼先、颊和颈侧黑色；前额至眼圈上方白色；头顶至背蓝灰色；腰和尾上覆羽白色；飞羽黑色，大覆羽、中覆羽先端，初级飞羽外翈基部和次级飞羽基部白色，构成明显的白色翅斑，次级飞羽外翈具窄的白色端斑；尾羽呈叉状，黑色，其基部和端部均白色，最外侧 2 对尾羽纯白色。颏至上喉黑色，下体余部纯白色。虹膜黑褐色；嘴黑色；跗跖、趾和爪等肉白色。

栖息环境 繁殖期主要栖息于山地森林和林缘疏林地带的山涧溪流、河谷岸边，冬季常到山脚和邻近平原地带的河流、溪谷，尤其喜欢多卵石的山涧溪流。

生活习性 常单独或成对活动，平时多停息在水边或水中石头上，或在浅水中觅食，并不停地上下摆动着尾部，受惊扰时则紧贴水面沿溪飞行。主要以水生昆虫、蚂蚁、毛虫、螺类等为食。

地理分布 保护区记录于双坑口、上芳香。浙江省内见于杭州、台州、衢州、温州、丽水。国内分布于浙江、陕西、云南、四川、贵州、湖北、湖南、江西、福建、广东、香港、广西、海南。

繁殖 繁殖期 4—6 月。通常营巢于森林中水流湍急的山涧溪流沿岸岩石缝隙间，巢隐蔽性甚好，上面有突出的天然岩石，四周密被蕨类植物和草。巢呈盘状或杯状，主要由苔藓和须根编织而成，内垫细草茎和枯叶。巢筑好后即开始产卵，每窝产卵 3~4 枚。卵为卵圆形，污白色，被红褐色斑点，大小为（20.0~24.0mm）×（15.3~17.3mm）。孵卵由雌、雄亲鸟共同承担。雏鸟晚成性，雏鸟孵出后的当天雌、雄亲鸟即开始寻食喂雏，雌鸟喂食次数明显高于雄鸟，晚上雌鸟与雏鸟同宿于巢中，而雄鸟则在附近小树上栖息。

居留型 留鸟（R）。

保护与濒危等级 《中国生物多样性红色名录》无危（LC）;《IUCN 红色名录》无危（LC）。

保护区相关记录 首次记录为翁少平（2014）。张雁云（2017）也有记录。

201 白额燕尾 白冠燕尾、黑背燕尾

Enicurus leschenaulti (Vieillot, 1818)

目　雀形目 PASSERIFORMES
科　鹟科 Muscicapidae

英文名　White-crowned Forktail

形态特征　中型鸟类，体长 25~27cm。雌、雄羽色相似。前额至头顶前部白色，头顶后部、枕、头侧、后颈、颈侧、背概为辉黑色（雌鸟头顶后部沾有浓褐色）。肩亦为辉黑色，具窄的白色端斑。下背、腰和尾上覆羽白色。尾长，呈深叉状，中央尾羽最短，往外侧尾羽依次变长，尾羽黑色且具白色基部和端斑，最外侧 2 对尾羽几全白色。翅上覆羽黑色，翅上大覆羽具白色尖端；飞羽黑色，基部白色，与大覆羽白色端斑共同形成翅上显著的白色翅斑，内侧次级飞羽尖端亦为白色。颏、喉至胸黑色，其余下体白色。幼鸟上体自额至腰咖啡褐色，颏、喉棕白色，胸和上腹淡咖啡褐色且具棕白色羽干纹，其余与成鸟相似。虹膜褐色，嘴黑色，脚肉白色。

栖息环境　主要栖息于山涧溪流与河谷沿岸，尤喜水流湍急、河中多石头的林间溪流，冬季也见于水流平缓的山脚平原河谷和村庄附近缺少树木隐蔽的溪流岸边。

生活习性　常单独或成对活动。性胆怯，平时多停息在水边或水中石头上，或在浅水中觅食，遇人或受到惊扰时则立刻起飞，沿水面低空飞行并发出"吱，吱，吱"的尖叫声，每次飞行距离不远。主要以水生昆虫为食，也吃蝗虫、蚂蚁、蜘蛛、苍蝇等。

地理分布　保护区记录于双坑口、上芳香、洋溪、黄桥等地。浙江省内见于湖州、杭州、绍兴、宁波、舟山、台州、金华、衢州、温州、丽水。国内分布于浙江、河南南部、山西、陕西南部、内蒙古中部、宁夏、甘肃南部、云南西北部、四川、重庆、贵州、湖北、湖南、安徽、江西、江苏、上海、福建、广东、广西、海南。

繁殖　繁殖期 4—6 月。通常营巢于森林中水流湍急的山涧溪流沿岸岩石缝隙间。营巢的土洞深 8cm，洞口直径 26cm，洞离地高 70cm，洞上面有突出的天然岩石，四周密被蕨类植物和草，将巢隐蔽起来。巢呈盘状或杯状，主要由苔藓和须根编织而成，内垫细草茎和枯叶；巢外径 20.5cm，内径 9.5cm，高 7.5cm，深 3.5cm。巢筑好后即开始产卵，每窝产卵 3~4 枚。卵为卵圆形，污白色，被红褐色斑点，大小为（24~27mm）×（17~20mm），重 4~5g。孵卵由雌鸟承担。雏鸟晚成性，雏鸟孵出后的当天，雌、雄亲鸟即开始寻食喂雏，雌鸟喂食次数明显高于雄鸟，晚上雌鸟与雏鸟同宿于巢中，而雄鸟则在附近小树上栖息。

居留型　留鸟（R）。

保护与濒危等级　《中国生物多样性红色名录》无危（LC）；《IUCN 红色名录》无危（LC）。

保护区相关记录　首次记录为第一次综合科考（1984）。翁少平（2014）、张雁云（2017）也有记录。

202 斑背燕尾 东方花尾燕

Enicurus maculatus Vigors, 1831

目 雀形目 PASSERIFORMES
科 鹟科 Muscicapidae

英文名 Spotted Forktail

形态特征 中型鸟类，体长 24~25cm。额至前头顶白色，头顶黑褐色，其羽端黑色；眼先、颈、背和两肩黑色；后颈下部贯以 1 道白色缀黑的横带，呈领巾状；两肩及背部杂以白色小形圆斑；翅黑褐色，大覆羽端部及次级飞羽基部白色，次级飞羽外翈狭缘以白端；腰和尾上覆羽纯白；尾羽黑色，羽基和羽端均白色，最外侧 2 对尾羽纯白；颏至胸部黑色；腹和尾下覆羽白色。雌、雄成鸟大体同色，只是雄鸟黑色或黑褐色部分在雌鸟上多为褐色。虹膜暗褐色；嘴黑色；跗跖、趾和爪肉色。

栖息环境 主要栖息于山地森林中的溪流沿岸，尤其是海拔 1000~2000m 的针阔叶混交林和针叶林中多石的溪流岸边较常见，也出入于阔叶林、林缘疏林灌丛地区的河谷与溪流，但很少到无森林覆盖的溪流和大的河流岸边活动。

生活习性 常单独或成对活动。性活泼而大胆，平常多沿溪边活动和觅食，有时也进入水边浅水处，人到相当近的距离才飞，起飞时常发出"吱"的一声鸣叫，一般贴水面低空飞行，飞不多远又停下。通常寻食一阵后又休息一会儿，觅食时常快速奔跑几步又停下来，并上下摆动几次尾，然后再奔跑。多蹲伏于岩边洞穴中，或在悬崖和岩石等隐蔽物下休息。要以昆虫为食，也吃甲壳动物和其他无脊椎动物。

地理分布 保护区记录于双坑口。浙江省内见于衢州、温州、丽水。国内分布于浙江、江西、福建、广东。

繁殖 繁殖期 4—7 月，少数迟至 8 月。通常营巢于山地森林中溪流沿岸，巢多置于溪边岩石缝中或石头下，也有在灌丛或树根隐蔽下的洞中营巢的。营巢由雌、雄亲鸟共同承担。巢呈杯状，主要由苔藓、细根和草茎构成，巢较结实、精致。每窝产卵 3~4 枚。卵淡绿色、乳白色或砖红色，被红褐色斑点，大小为（23~26mm）×（16~18mm）。

居留型 留鸟（R）。

保护与濒危等级 《中国生物多样性红色名录》无危（LC)；《IUCN 红色名录》无危（LC）。

保护区相关记录 首次记录为翁少平（2014）。张雁云（2017）也有记录。

203 黑喉石䳭 石栖鸟、谷尾鸟、黑喉鸲

Saxicola maurus (Pallas, 1773)

| 目 | 雀形目 PASSERIFORMES |
| 科 | 鹟科 Muscicapidae |

英文名 African Stonechat

形态特征 小型鸟类，体长 12~15cm。雄鸟前额、头顶、头侧、背、肩和上腰黑色，各羽均具棕色羽缘；下腰和尾上覆羽白色，羽缘微沾棕色；尾羽黑色，羽基白色；翅上覆羽外侧黑褐色，内侧白色，飞羽黑褐色，外翈羽缘棕色，内侧次级飞羽和三级飞羽基部白色，与白色内侧翅上覆羽一起形成翅上大块白色翅斑。颏、喉黑色；颈侧和上胸两侧白色，形成半领状，胸栗棕色；腹和两胁淡棕色，尾下覆羽白色或棕白色；腋羽和翅下覆羽黑色，羽端微缀白色。雌鸟上体黑褐色，具宽阔的灰棕色端斑和羽缘；尾上覆羽淡棕色，飞羽和尾羽黑褐色，羽缘均缀有棕色，内侧翅上覆羽白色，形成翅上白色翅斑。下体颏、喉淡棕色或棕黄白色，羽基黑色；胸棕色，腹至尾下覆羽棕白色。翼下覆羽和腋羽黑灰色，羽缘棕色。虹膜褐色或暗褐色，嘴、脚黑色。

栖息环境 主要栖息于低山、丘陵、平原、草地、沼泽、田间灌丛、旷野，以及湖泊与河流沿岸灌丛、草地。

生活习性 常单独或成对活动。平时喜欢站在灌木枝头和小树顶枝上，有时也站在田间或路边电线上、农作物梢端，并不断地扭动着尾羽。有时亦静立在枝头，注视着四周的动静，若遇飞虫或见到地面有昆虫活动时，则立即急速飞往捕之，然后又返回原处。有时亦能鼓动着翅膀停留在空中，或做直上直下的垂直飞翔。在繁殖期常常站在孤立的小树等高处鸣叫，鸣声尖细、响亮，"tsack-tsack"声似两块石头的敲击声。主要以蝗虫、叩甲、叶

甲、金龟甲、象甲、吉丁虫、螟蛾、叶丝虫、弄蝶科幼虫、舟蛾科幼虫、蜂、蚂蚁等昆虫为食，也吃蚯蚓、蜘蛛等其他无脊椎动物，以及少量植物果实、种子。

地理分布 保护区记录于三插溪、金针湖。浙江省内见于杭州、宁波、温州。国内分布于浙江、黑龙江、吉林、辽宁、北京、天津、河北、山东、河南、山西、陕西、内蒙古、云南、重庆、贵州、湖北、湖南、安徽、江西、江苏、上海、福建、广东、香港、澳门、广西、海南、台湾。

繁殖 繁殖期4—7月。繁殖期雄鸟常站在巢区中比较高的小树枝头鸣唱，雌鸟则致力于筑巢。通常营巢于土坎或塔头墩下，也在山坡石缝、土洞、倒木树洞和灌丛隐蔽下的地上凹坑内筑巢。巢呈碗状或杯状，主要由枯草、细根、苔藓、灌木叶等材料构成，外层较粗糙，内层编织较为精致，内垫野猪毛、狍子毛、马毛等兽毛和鸟类羽毛。营巢全由雌鸟承担，每个巢需1周左右筑好。巢筑好后即开始产卵，1年繁殖1窝，每窝产卵5~8枚，每天产1枚卵。卵为椭圆形、淡绿色、蓝绿色或鸭蛋青色，被红褐色或锈红色斑点，大小为（16.0~19.8mm）×（12.0~15.6mm），重1.5~2.1g。孵卵由雌鸟承担，孵化期11~13天。雏鸟晚成性，雏鸟刚孵出时体重仅0.8~0.9g，体长31~32mm，全呈淡橙红色，除背中线和肩部有几簇灰色绒羽外，其他全赤裸无羽。雌、雄亲鸟共同育雏，经过12~13天的巢期生活，幼鸟即可离巢。

居留型 冬候鸟（W）。

保护与濒危等级 《中国生物多样性红色名录》无危（LC）;《IUCN红色名录》无危（LC）。

保护区相关记录 首次记录为张雁云（2017）。

204 灰林䳭 灰丛树石栖鸟

目　雀形目 PASSERIFORMES
科　鹟科 Muscicapidae

Saxicola ferreus Gray, JE & Gray, GR, 1847

英文名　Grey Bushchat

形态特征　小型鸟类，体长 12~15cm。雄鸟额、头顶、枕、后颈、背、肩深灰色，羽毛中心黑色形成黑色纵纹，尤以头部纵纹较密集，往后逐渐变得稀疏，到腰和尾上覆羽几纯灰色，上体刚换的羽毛还具有橄榄褐色或棕色羽缘。两翅黑色或黑褐色，外翈具窄的棕白色羽缘，最内侧翅上覆羽白色，形成翅上明显的白色翅斑，其余翅上覆羽黑褐色且具灰色羽缘。尾黑色或黑褐色，具灰色或白色狭缘，外侧尾羽较浅淡，多为灰褐色，尖端灰色。眼先、颊、耳羽和头侧黑色，眉纹白色。下体颏、喉白色，胸、两胁和尾下覆羽浅灰色或灰白色，具窄的棕褐色羽缘，其余下体白色或灰白色。雌鸟上体暗棕褐色或红褐色，各羽中部黑色形成不明显的黑褐色纵纹，眉纹淡灰白色，飞羽和翅上覆羽暗棕褐色，飞羽外翈具棕褐色羽缘，腰和尾上覆羽栗棕色；中央尾羽黑色，羽缘栗棕色，外侧尾羽栗棕色。下体颏、喉白色，胸和两胁较多棕色，其余下体棕白色或灰棕白色。虹膜褐色，嘴、脚黑色。

栖息环境　主要栖息于海拔 3000m 以下的林缘疏林、草坡、灌丛，以及沟谷、农田、路边草地，有时也沿林间公路和溪谷进到开阔而稀疏的阔叶林、松林等林缘和林间空地，冬季也下到山脚平原地带，甚至进村寨和居民点附近的果园、小树丛和灌丛草地活动。

生活习性　常单独或成对活动，有时亦集成 3~5 只的小群。常停息在灌木或小树顶枝上，

有时也停息在电线和居民点附近的篱笆上。当发现地面有昆虫时，则立刻飞下捕食，也能在空中飞捕昆虫，但多数时候在灌木低枝间飞来飞去寻找食物，不时发出"吱－吱－吱"的叫声。杂食性，主要以鞘翅目、双翅目、膜翅目、直翅目、鳞翅目昆虫为食，偶尔吃植物果实、种子。

地理分布　早期科考资料有记载，但本次调查未见。浙江省内见于杭州、绍兴、宁波、台州、金华、温州、丽水。国内分布于浙江、北京、陕西、内蒙古、甘肃、云南、四川、重庆、贵州、湖北、湖南、安徽、江西、江苏、上海、福建、广东、香港、广西、海南、台湾。

繁殖　繁殖期5—7月。通常营巢于地上草丛或灌丛中，也在岸边或山坡岩石洞穴、石头下营巢。巢呈杯状，主要由苔藓、细草茎和草根等材料编织而成，巢内垫须根和细草茎，有时也垫兽毛和羽毛；巢外径为10cm，内径6cm，高6.8cm，深4cm。营巢主要由雌鸟承担，雄鸟站在巢附近灌木或小树上鸣叫。每窝产卵通常4~5枚。卵淡蓝色、绿色或蓝白色，被红褐色斑点，大小为（16~19mm）×（13~15mm）。孵卵主要由雌鸟承担，孵化期12天。雏鸟晚成性，雌、雄亲鸟共同育雏，留巢期约15天。

居留型　留鸟（R）。

保护与濒危等级　《中国生物多样性红色名录》无危（LC）;《IUCN红色名录》无危（LC）。

保护区相关记录　首次记录为第一次综合科考（1984）。翁少平（2014）、张雁云（2017）也有记录。

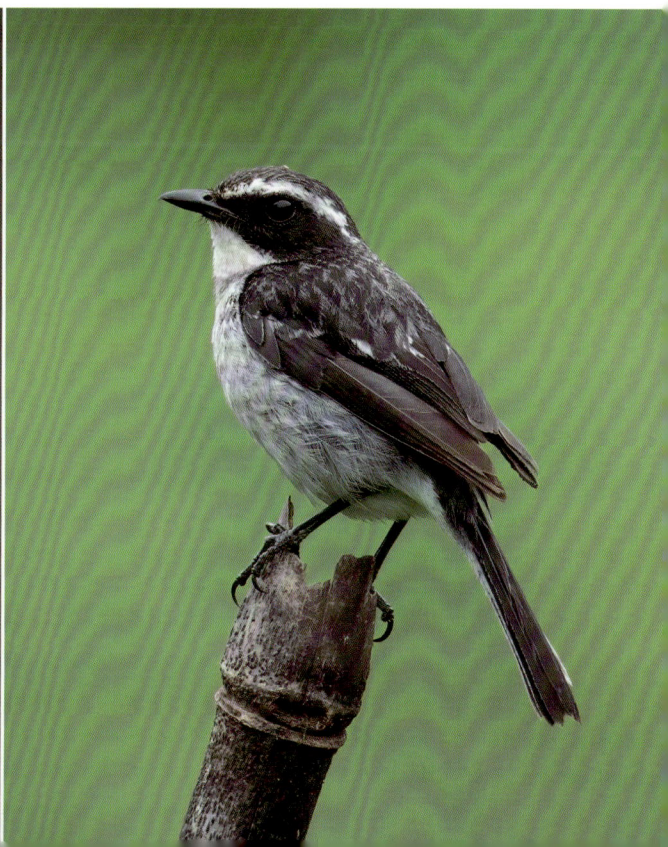

205　栗腹矶鸫

Monticola rufiventris (Jardine & Selby, 1833)

目　雀形目 PASSERIFORMES
科　鹟科 Muscicapidae

英文名　Chestnut-bellied Rock Thrush

形态特征　中型鸟类，体长 20~25cm。雄鸟从头到尾等上体基本亮钴蓝色，尤以头顶和腰最亮。上背和两肩沾黑色。眼先、颊、耳羽、头侧和颈侧黑色。翅上小覆羽和中覆羽与背相同，亦为钴蓝色沾黑色，其余翅覆羽和飞羽黑色，除最外侧 2 枚初级飞羽外，其余飞羽和覆羽外翈均沾钴蓝色。中央尾羽钴蓝色，外侧尾羽内翈暗褐色，外翈亦为钴蓝色，因而尾外表面亦为钴蓝色，尤以羽缘较辉亮，尾下表面则为黑褐色。下体颏、喉黑色而缀有蓝色，其余下体栗红色，腋羽和翅下覆羽为栗红色。雌鸟上体包括两翅和尾为橄榄褐色或灰橄榄褐色，尤以头顶至后颈较灰色，背具黑色次端横斑和灰白色羽缘，在背形成隐约可见的黑色鳞状斑，到腰和尾上覆羽黑色横斑变得较为清晰可见。翅褐色，具淡色羽缘，内侧覆羽亦大多具横斑。尾褐色，外翈稍沾灰蓝色。眼先和眼周棕白色或乳黄白色，耳羽黑色且具淡白色羽轴纵纹，其后有 1 块棕白色或皮黄色斑，颈侧皮黄色。下体皮黄色或棕白色，颏、喉纯乳白色，其余下体密杂以黑褐色横斑或鳞状斑。虹膜褐色或暗褐色，嘴黑色，脚铅褐色或黑褐色。

栖息环境　繁殖期主要栖息于海拔 1500~3000m 的山地常绿阔叶林、针阔叶混交林和针叶林中，尤以陡峻的悬崖、溪流深谷沿岸的针叶林和针阔叶混交林及其林缘地带常见。越冬在低海拔开阔而多岩石的山坡林地，有时甚至进入村寨附近的果园和房前屋后的树上。

生活习性　常单独或成对活动，偶见集成小群。多停在乔木顶枝上，尾上下来回摆动，偶尔也将尾呈扇形散开。主要在地上觅食，也在空中捕食。繁殖期常站在高树顶端长时间鸣叫。主要以金龟甲、蝗虫、毛虫等昆虫为食，也吃软体动物、蜥蜴、蛙、小鱼等其他动物。

地理分布　保护区记录于三插溪、黄桥、石鼓背等地。浙江省内见于湖州、杭州、金华、衢州、温州、丽水。国内分布于浙江、西藏南部、云南、四川、重庆、贵州、湖北、湖南、安徽、江西、江苏、上海、福建、广东、香港、广西、海南。

繁殖　繁殖期 5—7 月。通常营巢于悬崖或岩石缝隙中，也在石头下或树根间的洞隙中营巢。巢呈杯状，结构较粗糙，主要由苔藓、细枝、枯草等材料构成，内垫细草茎和细草根，通常隐蔽性很好。每窝产卵 3~4 枚。卵乳白色，被红褐色斑点，卵为钝卵圆形，大小为（24~29mm）×（19~21mm）。孵卵主要由雌鸟承担，雏鸟晚成性。

居留型　留鸟（R）。

保护与濒危等级　《中国生物多样性红色名录》无危（LC）；《IUCN 红色名录》无危（LC）。

保护区相关记录　首次记录为张雁云（2017）。

208　白喉林鹟

Cyornis brunneatus (Slater, 1897)

目　雀形目 PASSERIFORMES

科　鹟科 Muscicapidae

英文名　White-gorgetted Jungle Flycatcer、Brown-chested Jungle Flycatcher

形态特征　小型鸟类，体长 15~17cm。雌、雄羽色相似。上体概橄榄褐色或锈褐色。头顶和颈侧锈褐色，头顶较暗，少锈色；眼周淡黄色或淡茶黄色，眼先白色或褐白色；两翅与背同色。颏、喉白色，有时微沾淡褐色；上胸和两胁淡皮黄灰色或与背同色，但稍淡和少锈色；下胸、腹和尾下覆羽白色，尾上覆羽和尾羽红褐色。虹膜淡褐色、栗色或黄褐色；嘴褐色或暗褐色，下嘴基部较淡；脚灰褐色或铅蓝色。

栖息环境　主要栖息于高至海拔 1100m 的林缘下层、茂密竹丛、次生林及人工林中。

生活习性　单独或成对活动。性活泼，常不停地在灌木和树枝间跳来跳去或飞上飞下，有时亦在灌木间开阔的地上跳跃奔跑，啄食灌木根部和地上食物。白天很少休息，偶尔停

息在树顶或灌木上。鸣声为五声一度的连续哨声，开始两声高，接连三声低，常常只闻其声而难见其影。主要以昆虫为食。

地理分布　保护区内记录于乌岩尖、双坑口、上芳香、芭蕉湾等地。浙江省内见于湖州、杭州、绍兴、台州、衢州、温州、丽水。国内分布于浙江、河南、云南、贵州、湖北、湖南、安徽、江西、江苏、上海、福建、广东、香港、广西、台湾。

繁殖　中国大陆东南部繁殖。繁殖地点通常为茂密的竹林或亚热带阔叶林中低矮的灌木丛中。每窝产卵 4~5 枚，少数仅 1~2 枚。卵为卵圆形，具斑纹。雌、雄共同育雏。

居留型　夏候鸟（S）。

保护与濒危等级　国家二级重点保护野生动物;《中国生物多样性红色名录》易危（VU）;《IUCN 红色名录》易危（VU）。

保护区相关记录　首次记录为第一次综合科考（1984）。翁少平（2014）、张雁云（2017）也有记录。

209 **灰纹鹟** 灰斑鹟、斑胸鹟

Muscicapa griseisticta (Swinhoe, 1861)

目 雀形目 PASSERIFORMES
科 鹟科 Muscicapidae

英文名 Grey–streaked Flycatcher

形态特征 小型鸟类，体长 14~15cm。雌、雄羽色相似。上体从头至尾灰褐色，头顶各羽中央较暗，形成暗色中央斑纹。背具不明显的暗色羽轴纹。眼先和眼周白色或棕白色，前额基部和两侧白色，两翅和尾羽暗褐色，大覆羽羽端和三级飞羽羽缘淡棕白色或白色，在翅上形成明显的淡色翅斑。颊、脸暗灰褐色，颚纹黑色。下体白色，胸、腹和两胁有明显的灰色或黑褐色长形斑点或条纹，胸部纵纹较细。虹膜暗褐色；嘴黑色，下嘴基部较淡；脚黑褐色。

栖息环境 主要栖息于海拔 1100~2200m 的山地针阔叶混交林、针叶林和亚高山岳桦矮曲林中，迁徙期间也栖息于阔叶林和次生林。

生活习性 常单独或成对活动在树冠层中下部枝叶间，尤以 7:00—8:00 和 14:00—15:00 活动较为频繁，常在树冠之间飞来飞去，或停息在侧枝上，不时飞向空中捕食飞来的昆虫，很少到地面活动和觅食。主要以昆虫为食，常见的食物种类有蛾、蝶等鳞翅目幼虫，象甲、金龟甲等鞘翅目昆虫和其他幼虫。

地理分布 保护区记录于黄家岱、芳香坪。浙江省各地广布。国内分布于浙江、黑龙江、吉林、辽宁、北京、天津、河北、山东、河南、内蒙古东北部、云南西北部、湖北、湖南、江西、江苏、上海、福建、广东、香港、澳门、广西、台湾。

繁殖 繁殖期 6—7 月。迁到繁殖地后不久即成对觅找巢位和占区营巢，每年繁殖 1 窝，5 月末至 6 月初即开始营巢，通常营巢于针叶林中鱼鳞松和冷杉等树上，巢多置于侧枝枝权上，距主干 1~2m 远，距地高 8~23m。营巢由雌、雄鸟共同承担，巢主要由松萝、苔藓编织而成，内垫细草茎、草根、柔软的树皮和松针等，结构精致，在侧枝小枝间隐蔽亦很好，不易被发现，每个巢需 6~7 天即可筑好。巢呈杯状或碗状，大小为外径 8.0~8.5cm，内径 5.5~6.0cm，高 5~6cm，深 3cm。巢筑好后即开始产卵，每窝产卵通常 4~5 枚。卵淡绿色，光滑无斑，微具光泽，大小为（17.0~17.5mm）×（13.0~14.0mm）。孵卵主要由雌鸟承担。雏鸟晚成性，雌、雄亲鸟共同育雏，留巢期 15~16 天，离巢后的最初几天幼鸟仍接受亲鸟喂食。

居留型 旅鸟（P）。

保护与濒危等级 《中国生物多样性红色名录》无危（LC）;《IUCN 红色名录》无危（LC）。

保护区相关记录 首次记录为翁少平（2014）。张雁云（2017）也有记录。

210 乌鹟

Muscicapa sibirica Gmelin, JF, 1789

目　雀形目 PASSERIFORMES
科　鹟科 Muscicapidae

英文名　Dark-sided Flycatcher

形态特征　小型鸟类，体长 12~13cm。雌、雄羽色相似。上体乌灰褐色，头顶羽毛中部较暗，眼先和眼周白色或皮黄白色。两翅覆羽和飞羽黑褐色，翅上大覆羽和三级飞羽羽缘淡棕白色，初级飞羽内翈羽缘棕褐色，次级飞羽羽缘白色，尾乌灰褐色或黑褐色。颏、喉白色或污白色，胸和两胁具粗阔的乌灰褐色纵纹或全为乌灰色，腹和尾下覆羽白色。虹膜暗褐色；嘴黑褐色，下嘴基部较淡；脚黑色。

栖息环境　主要栖息于海拔 800m 以上的针阔叶混交林和针叶林中，迁徙季节和冬季亦栖息于山脚与平原地带的落叶和常绿阔叶林、次生林、林缘疏林灌丛。

生活习性　除繁殖期成对，其他季节多单独活动。树栖性，常在高树树冠层，很少下到地上活动和觅食。多在树枝间跳跃和来回飞翔捕食，也在树冠枝叶上觅食。休息时多栖息于树顶枝上，捕获食物后多回到原来的栖木上休息。鸣声复杂，为重复的一连串单薄音加悦耳的颤音、哨音。杂食性，主要以金龟甲、象甲、蝗虫、金花甲、胡蜂、鳞翅目等昆虫为食，也吃少量植物种子。

地理分布　保护区记录于道均垟。浙江省各地广布。国内分布于浙江、黑龙江、吉林、辽宁、北京、天津、河北、山东、山西、陕西、内蒙古、云南东部、四川中部、湖北、湖南、江西、上海、福建、广东、香港、澳门、广西、海南、台湾。

繁殖　繁殖期 5—7 月。通常营巢于针阔叶混交林和针叶林中树上，尤以山溪、河谷和林间疏林处的松树侧枝上较常见，距地面多在 5~30m。巢用灰绿色的松萝做成，常隐蔽在侧枝上的松萝菌丛中，有的还杂有少许干草，内垫松针和须根。巢呈杯状和半球状，出入口向上，结构较为精致；巢的大小外径为 8~9cm，内径 5~6cm，高 5~6cm，深 2~3cm。雌、雄共同营巢，但以雌鸟为主，每个巢 5~7 天即可完成。5 月末 6 月初开始产卵，每窝产卵 4~5 枚。卵淡绿色，大小为（16.8~17.5mm）×（12.7~12.9mm）。主要由雌鸟孵卵，雄鸟在雌鸟离巢期间亦参与孵卵活动。雏鸟晚成性，雌、雄亲鸟共同育雏，雏鸟留巢期 14~15 天，幼鸟离巢后最初几天仍由亲鸟带领在树冠层中活动并觅食。

居留型　旅鸟（P）。

保护与濒危等级　《中国生物多样性红色名录》无危（LC）;《IUCN 红色名录》无危（LC）。

保护区相关记录　2020 年科考新增物种。

211 北灰鹟 白喉石鹟

Muscicapa dauurica Pallas, 1811

目 雀形目 PASSERIFORMES
科 鹟科 Muscicapidae

英文名 Asian Brown Flycatcher

形态特征 小型鸟类，体长 12~14cm。雌、雄羽色相似。额基、眼先、眼圈白色或污白色，头顶至后颈、背、肩、腰、尾上覆羽和翅上覆羽概为灰褐色，飞羽和尾羽黑褐色，次级飞羽和三级飞羽羽缘棕白色，尤以三级飞羽羽缘棕白色较显著，翅上大覆羽具窄的黄白色端缘。下体白色或污白色，胸和两胁苍灰色。虹膜暗褐色和黑褐色；嘴黑色，下嘴基部较淡，多呈黄白色，嘴较宽阔；脚黑色。

栖息环境 主要栖息于落叶阔叶林、针阔叶混交林和针叶林中，尤其是山地溪流沿岸的混交林和针叶林中较常见。迁徙季节和越冬期间也见于山脚和平原地带的次生林、林缘疏林灌丛、农田地边小树丛与竹丛中。

生活习性 常单独或成对活动，偶尔见成 3~5 只的小群，停息在树冠层中下部侧枝或枝杈上，当有昆虫飞来，则迅速飞起捕捉，然后又飞落到原处。性机警，善藏匿，鸣声低沉而微弱，似 "shi-shi-shi-" 声，非繁殖期很少鸣叫。杂食性，主要以鞘翅目、鳞翅目、直翅目、膜翅目等昆虫为食，偶尔吃少量蜘蛛、花等其他无脊椎动物和植物性食物。

地理分布 保护区记录于金竹坑。浙江省各地广布。国内分布于浙江、黑龙江、吉林、辽宁、北京、天津、河北、山东、河南、山西、陕西、内蒙古、宁夏、甘肃、新疆、西藏、云南、四川、贵州、湖北、湖南、江西、江苏、上海、福建、广东、香港、澳门、广西、海南、台湾。

繁殖 繁殖期 5—7 月。5 月下旬即开始成对活动和营巢。通常营巢于森林中乔木枝杈上，尤其在水平侧枝枝杈上较多，一般离主干 1~2m，距地高 3~10m。巢呈碗状，主要由枯草茎、草叶、树木韧皮纤维和大量苔藓、地衣等编织而成，内垫兽毛、细草茎等细软物质。巢外面常常黏以与树木相同的树皮和苔藓，看上去与树的节包一样，伪装得很好，不容易被发现。巢的大小外径为 7~8cm，内径为 5~6cm，高 5~6cm，深 3~4cm。每窝产卵 4~6 枚。卵灰白色，微缀灰绿色，也有呈橄榄灰色或淡蓝绿色的，有时钝端具有不显著的淡褐色或淡红色斑点，大小为（16.2~17.6mm）×（12.3~14.0mm）。孵卵主要由雌鸟承担，雏鸟晚成性。

居留型 旅鸟（P）。

保护与濒危等级 《中国生物多样性红色名录》无危（LC）;《IUCN 红色名录》无危（LC）。

保护区相关记录 首次记录为翁少平（2014）。张雁云（2017）也有记录。

212 黄眉姬鹟 黄眉鹟

Ficedula narcissina (Temminck, 1836)

目　雀形目 PASSERIFORMES
科　鹟科 Muscicapidae

英文名　Narcissina Flycatcher

形态特征　小型鸟类，体长 12~13cm。雄鸟上体黑色，下背和腰鲜黄色，眉纹亦为鲜黄色，长而显著。内侧翅上小覆羽、中覆羽和大覆羽白色，外侧翅上覆羽和飞羽黑色。尾羽亦为黑色。下体自颏至上腹鲜黄色，下腹和尾下覆羽白色，胸侧黑色，翅下覆羽白色且具黑色横斑。腋羽白色而基部黑色。老年雄鸟喉、胸亮黄橙色。幼年雄鸟两胁较灰和较绿。秋季换羽后的当年幼鸟与雌鸟相似。雌鸟上体灰橄榄色，下背、腰和尾上覆羽橄榄绿色，最长的尾上覆羽红褐色，眼圈黄白色，眼先淡绿黄色，颊和耳羽羽轴白色，两翅淡橄榄褐色，羽缘同背。翅覆羽和内侧三级飞羽尖端较淡，尾淡褐色，基部栗褐色，微沾橄榄绿色。下体淡褐灰色，胸缀有褐色斑点。虹膜暗褐色，嘴黑褐色或黑色，脚铅蓝色或黑色。

栖息环境　主要栖息于山地阔叶林、针阔叶混交林和林缘地带，也栖息于杉木林和杂有少量老龄杨树、桦树的针叶林中，春秋和冬季也出入于林缘次生林、海滨灌丛、果园、地边灌丛与小树林中。

生活习性　常单独或成对活动，多在树冠层枝叶间活动。在树的顶层及树间捕食昆虫，有时也到林下灌丛中活动和觅食，也飞到空中捕食飞行性昆虫。主要以鞘翅目、鳞翅目、直翅目、膜翅目等昆虫为食。雄鸟在繁殖期常站在树枝头不停地鸣叫，鸣声悦耳，快而清脆，为重复的三音节哨音如"pipipityu–ito–foi"，也模仿其他鸟的叫声。

地理分布　早期科考资料有记载，但本次调查未见。浙江省内见于杭州、绍兴、宁波、舟山、台州、衢州、温州、丽水。国内分布于浙江、北京、河北、山东、安徽、江西、江苏、上海、福建、广东、香港、澳门、广西、海南、台湾。

繁殖　繁殖期 5—7 月。雄鸟到达繁殖地后不久即开始占区和鸣叫，巢多筑于老树龄的天然树洞或啄木鸟废弃的巢洞中，有时也筑巢于树皮缝隙和小枝堆中。巢呈碗状，主要由草茎、树叶、竹叶、细根构成；巢的大小为外径 20cm，内径 7.5cm，高 10cm，深 5cm。每窝产卵 3~5 枚。卵淡绿蓝色，被淡褐色斑点，卵的平均大小为 18mm × 15mm。

居留型　旅鸟（P）。

保护与濒危等级　《中国生物多样性红色名录》无危（LC）;《IUCN 红色名录》无危（LC）。

保护区相关记录　2020 年科考新增物种。

213 鸲姬鹟　鸲鹟、姬鹟、郊鹟、麦鹟

Ficedula mugimaki (Temminck, 1836)

目　雀形目 PASSERIFORMES
科　鹟科 Muscicapidae

英文名　Mugimaki Flycatcher

形态特征　小型鸟类，体长 11~13cm。雄鸟夏羽从头至尾上体概为黑色，眼后上方有一短的白色眉斑，两翅黑褐色，翅上次级覆羽白色，在翅上形成大块白斑，最内侧 3 枚三级覆羽外翈羽缘亦为白色。尾黑褐色，外侧尾羽基部白色。下体颏、喉、胸和上腹亮栗橙色或锈红色，下腹白色，腋羽和翅上覆羽黄色或橙色，两胁黄橙色，尾下覆羽白色且沾橙皮黄色。秋季换羽以后雄鸟黑色上体具宽的灰色羽缘，使上体显得较淡，到春季后上体灰色消失，但腰部还常常保留灰色。雌鸟灰褐色沾绿色或橄榄褐色，眼先棕白色，眼后上方无白色眉斑，翅上白斑亦较雄鸟小，尾羽无白色。下体与雄鸟相似，但明显较雄鸟淡。幼鸟上体斑杂，翅上覆羽具赭色羽缘，下体赭色或锈红色且具暗色羽缘。秋季换羽后的当年幼鸟与雌鸟相似。虹膜褐色或暗褐色，嘴黑色，脚红褐色或茶褐色。

栖息环境　繁殖期主要栖息于海拔 1000km 以下的山地和平原湿润森林中，尤喜阔叶林、以冷杉等为主的针叶林及针阔叶混交林；非繁殖期也出入于林缘疏林、次生林、果园、山脚平原地带的小树丛和灌丛中。

生活习性　常单独或成对活动，偶尔也见成 3~5 只的小群。多在潮湿的林下溪边发达的高树上，也在树冠层枝叶间，有时也下到林下灌木或地上活动和觅食。一般不进入密林深处，常在树木间做短距离飞行，飞行急速而飘浮不定。主要以鞘翅目、鳞翅目、直翅目、膜翅目等昆虫为食。

地理分布　保护区记录于翁溪。浙江省各地广布。国内分布于浙江、黑龙江、吉林、辽宁、北京、河北、山东、河南、山西、内蒙古东北部、甘肃、新疆、云南东南部、四川、湖北、湖南、江西、江苏、上海、福建、广东、香港、澳门、广西、海南、台湾。

繁殖　繁殖期 5—7 月。通常营巢于针叶树紧靠主干的侧枝枝杈间，距地高 2~11m。巢主要由松枝和地衣作外壁支架，由干草叶、干草茎等构成，内垫兽毛和细草茎。巢呈半球状或碗状，四周树干和树枝上常生长苔藓和地衣，起到伪装作用。巢的大小为外径 8~11cm，内径 6cm，高 5~6cm，深 3~4cm。每窝产 4~8 枚卵。卵橄榄绿色或淡绿色，被红褐色斑点，尤以钝端较密，大小为（14.0~17.8mm）×（12.2~13.5mm）。

居留型　旅鸟（P）。

保护与濒危等级　《中国生物多样性红色名录》无危（LC）;《IUCN 红色名录》无危（LC）。

保护区相关记录　2020 年科考新增物种。

214 白腹蓝鹟 白腹鹟

Cyanoptila cyanomelana (Temminck, 1829)

目 雀形目 PASSERIFORMES
科 鹟科 Muscicapidae

英文名 Blue-and-white Flycatcher

形态特征 小型鸟类，体长 14~17cm。雄鸟额基、眼先、颏尖黑色，头顶至后颈天蓝色或钴蓝色；背、肩、腰和尾上覆羽紫蓝色或青蓝色；两翅内侧覆羽颜色同背，外侧覆羽内翈黑褐色，外翈紫蓝色和青蓝色，因而表面仍与背同色；小翼羽黑色，飞羽黑褐色，外翈羽缘青蓝色或绿蓝色；中央 1 对尾羽蓝色或暗青蓝色，基部黑色，其余尾羽外翈蓝色或暗蓝色，内翈黑褐色，尾羽基部白色。头侧、颏、喉、胸黑色或青蓝色，胸以下白色，两胁暗灰色。雌鸟上体橄榄褐色，头侧和颈侧沾灰色，腰和尾上覆羽锈褐色，尾亦为锈褐色，翅上覆羽黑褐色，羽缘橄榄褐色，飞羽黑褐色，外翈羽缘浅锈褐色。颏、喉污白色，胸和两胁淡灰褐色或灰色，腹和尾下覆羽白色。虹膜暗褐色或黑褐色，嘴黑褐色，脚黑色。

栖息环境 主要栖息于山地阔叶林和混交林中，尤以林缘、较陡的溪流沿岸以及附近有陡岩或坎坡的森林地区较常见。

生活习性 单独或成对活动。刚迁来繁殖地时，多活动在林缘次生林和灌丛中，雄鸟常站在河谷和溪流附近高树上长时间鸣叫，最晚迟至日落以后还能听到叫声，清脆婉转，悦耳动听，似一连串的哨声。雌鸟常躲藏在附近林下灌丛中，极为隐匿，听到雄鸟的鸣唱后，飞来落于雄鸟附近的小树枝头，并发出与雄鸟音调相同的鸣唱，但声音低微。雄鸟听

到雌鸟回应后则不断点头、翘尾，然后飞向雌鸟，伏在雌鸟背上交尾，交尾时间极为短促，之后雌鸟飞走，雄鸟紧紧地追逐，彼此飞翔于树林中，飞行迅速，但不远飞。主要吃昆虫，如有鳞翅目幼虫、步甲、叩甲、金花甲、象甲、金龟甲、石蛾、石蝇科成虫、沫蝉幼虫、大蚊科成虫、蝗虫等，也吃蜘蛛。

地理分布 保护区记录于石鼓背。浙江省各地广布。国内分布于浙江、黑龙江东部、吉林、辽宁、河北、山东、贵州、湖北、江苏、福建、广东、香港、广西、海南、台湾。

繁殖 繁殖期5—7月。5月初即有个体开始营巢，多在5月中下旬，由雌、雄亲鸟共同承担。通常营巢于林中溪流和河谷两岸的陡岸、坎坡上，也在林缘河谷岸边及其附近崖坡上营巢。巢多置于裸露的崖壁洞穴、台阶、缝隙中，以及河岸附近的榆树、鼠李、椴树、桦树等树木的天然洞穴和树根间，最高的离地有20余米。巢呈杯状，全由苔藓构成，内垫少许植物纤维、兽毛和鸟羽。筑巢后即开始产卵，每窝产卵3~5枚。卵为椭圆形和长椭圆形，白色或乳白色，部分钝端有1圈不明显的褐色斑，大小为（16~23mm）×（14~17mm），重1.2~2.8g。孵卵由雌鸟承担，雄鸟站在巢附近的高枝上警戒，如有危险物侵入，则不停鸣叫，孵化期11~13天。雏鸟晚成性。

居留型 旅鸟（P）。

保护与濒危等级 《中国生物多样性红色名录》无危（LC）;《IUCN红色名录》无危（LC）。

保护区相关记录 首次记录为翁少平（2014）。张雁云（2017）也有记录。

215 小仙鹟

Niltava macgrigoriae (Burton, 1836)

目 雀形目 PASSERIFORMES
科 鹟科 Muscicapidae

英文名 Small Niltava

形态特征 小型鸟类，体长 11~13cm。雄鸟前部额基、眼先、耳羽、眼周黑色，前额、头顶两侧眉区、腰、尾上覆羽和颈侧块斑辉钴蓝色，头顶至后颈、背、肩、两翅和尾表面概为紫蓝色或深蓝色，翅上大覆羽和飞羽褐色或黑褐色，具窄的暗蓝色或紫蓝色羽缘。颏、喉和上胸黑色或深紫蓝色，下胸暗灰色，腹、两胁淡灰色，尾下覆羽淡灰色或白色，腋羽和翼下覆羽白色。雌鸟上体橄榄褐色，尤以腰和尾上覆羽较棕色，两翅褐色，羽缘棕色，中央 1 对尾羽棕色，其余尾羽褐色或暗褐色，羽缘棕色，颈侧有一辉蓝色斑。颏、喉皮黄色，其余下体赭灰色或皮黄橄榄褐色。翅下覆羽和腋羽白色。虹膜深褐色，嘴黑色，脚角褐色或黑色。

栖息环境 主要栖息于海拔 2100m 以下的山地常绿阔叶林和竹林中，尤以临近溪流等水域的疏林和林缘地带常见，冬季多栖息于山脚平原地带。

生活习性 常单独或成对活动，多活动于林下灌丛和山边疏林中。性活泼，频繁地在树枝间飞来飞去，尤其在清晨和黄昏最为活泼。繁殖期鸣声清脆婉转，清晨和黄昏鸣叫最为频繁，叫声为细而高的"twee-twee-ee-twee"声，第二音最高，另有似下降的"see-see"叫声。主要以鞘翅目、鳞翅目、直翅目、膜翅目等昆虫为食，也吃蜘蛛等其他无脊椎动物。

地理分布 保护区记录于双坑口、金刚厂。浙江省内见于温州、丽水。国内分布于浙江、西藏南部、云南、贵州南部、湖南、江西、福建、广东、澳门、广西西南部。

繁殖 繁殖期4—7月。通常营巢于海拔900~2100m的山地常绿阔叶林中。巢多置于山边岩石洞穴中，也在溪边树洞和岸边洞穴中营巢。巢呈杯状，主要由苔藓构成，内垫细草根和动物毛。每窝产卵3~5枚，多为4枚。卵乳白色或粉红色，被暗红色斑点，尤以钝端较密，常在钝端形成1个圆环状，大小为（16.0~19.1mm）×（12.9~14.2mm）。雌、雄亲鸟轮流孵卵，孵化期12天。雏鸟晚成性。

居留型 夏候鸟（S）。

保护与濒危等级 《中国生物多样性红色名录》无危（LC）;《IUCN红色名录》无危（LC）。

保护区相关记录 2020年科考新增物种。

216 戴菊

Regulus regulus (Linnaeus, 1758)

目 雀形目 PASSERIFORMES

科 戴菊科 Regulidae

英文名 Goldcrest

形态特征 小型鸟类，体长 9~10cm。雄鸟上体橄榄绿色，前额基部灰白色，额灰黑色或灰橄榄绿色；头顶中央有一前窄后宽、略似锥状的橙色斑，其先端和两侧为柠檬黄色，头顶两侧紧接此黄色斑处各有 1 条黑色侧冠纹；眼周和眼后上方灰白色或乳白色，其余头侧、后颈和颈侧灰橄榄绿色；背、肩、腰等其余上体橄榄绿色，腰和尾上覆羽黄绿色，尾黑褐色，外翈橄榄黄绿色；两翅覆羽和飞羽黑褐色，除第 1~2 枚初级飞羽外，其余飞羽外翈羽缘黄绿色，内侧初级飞羽和次级飞羽近基部外缘黑色形成一椭圆形黑斑，最内侧 4 枚飞羽先端淡黄白色，中覆羽和大覆羽先端乳白色或淡黄白色，在翅上形成明显的淡黄白色翅斑。下体污白色，羽端沾有少许黄色，体侧沾橄榄灰色或褐色。雌鸟与雄鸟相似，但羽色较暗淡，头顶中央斑不为橙红色，而为柠檬黄色。虹膜褐色，嘴黑色，脚淡褐色。

栖息环境 主要栖息于海拔 800m 以上的针叶林和针阔叶混交林中，迁徙季节和冬季多下到低山和山脚林缘灌丛地带活动。

生活习性 除繁殖期单独或成对活动外，其他时间多成群。性活泼好动，行动敏捷，白天几乎不停地在活动，常在针叶树枝间跳来跳去或飞飞停停，边觅食边前进，并不断发出尖细的"zi-zi-zi"叫声。杂食性，主要以各种昆虫为食，以鞘翅目昆虫为主，也吃蜘蛛和其他小型无脊椎动物，冬季也吃少量植物种子。

地理分布　早期科考资料有记载，但本次调查未见。浙江省内见于杭州、宁波、温州、丽水。国内分布于浙江、黑龙江、吉林、辽宁、北京、天津、河北、山东、河南、山西、陕西、内蒙古、宁夏、甘肃、安徽、江西、江苏、上海、福建、台湾。

繁殖　繁殖期5—7月。最早在5月上旬即见有成对活动和雌、雄间的追逐，交配多在树冠侧枝上进行，伴随翅膀扇动和金黄色冠羽耸起现象，雄鸟不断发出"zi-zi-zi"的叫声。5月中旬即有个体开始营巢，巢多筑在鱼鳞云杉、红皮云杉和臭冷杉等针叶树的侧枝上或细枝丛中，有时甚至筑在距树干2~5m远处的侧枝上，距地高5~22m。巢极隐蔽，常用松树上悬挂的松萝和茂密的枝叶掩盖。营巢活动由雌、雄鸟共同承担，营筑时间9~12天。巢呈碗状，结构甚为精致，巢材主要为松萝和苔藓，混杂少量细草、松针、细枝和树木韧皮纤维，内垫兽毛和鸟类羽毛。巢的大小为外径9~11cm，内径6~7cm，高8~9cm，深6~7cm。巢筑好后第2天或间隔1天即开始产卵，每窝产卵7~12枚。卵白玫瑰色，被细的褐色斑点，尤以钝端较多，大小为（12~14mm）×（10~11mm）。雌、雄亲鸟轮流孵卵，孵化期14~16天。雏鸟孵出后的头几天，一般是一亲鸟轮流在巢中暖雏，另一亲鸟外出觅食喂雏，以后则由雌、雄亲鸟共同觅食喂雏，经过16~18天的喂养，幼鸟即可离巢，常跟随亲鸟于家族群活动和觅食，大约在离巢一周后，幼鸟才能独立生活和觅食。

居留型　冬候鸟（W）。

保护与濒危等级　《中国生物多样性红色名录》无危（LC）；《IUCN红色名录》无危（LC）。

保护区相关记录　首次记录为翁少平（2014）。张雁云（2017）也有记录。

217　小太平鸟　绯连雀、朱连雀

Bombycilla japonica (Siebold, 1824)

目　雀形目 PASSERIFORMES
科　太平鸟科 Bombycillidae

英文名　Japanese Waxwing

形态特征　小型鸟类，体长 16~20cm。雄鸟额及头顶前部栗色，愈向后色愈淡，头顶灰褐色；枕部后方黑褐色并伸出长冠羽，此黑褐色冠羽被头后部伸出的冠羽所掩盖，有部分露出；上嘴基部、眼先及眼上形成黑色细纹带，后方与黑色枕带相连接；背、肩羽灰褐色；腰至尾上覆羽褐灰色至灰色，愈向后灰色愈浓；翅覆羽灰褐色，初级覆羽灰褐色，具鲜明的、长 7~10mm 的玫瑰色外翈端；初级飞羽近黑色，第 2 枚以内各羽有灰色外翈缘，愈向内愈宽，第 3~8 枚初级飞羽具白色端斑，第 5 枚初级飞羽以内的各羽外翈端部有朱红色点斑，次级飞羽褐灰色且具黑端；尾羽褐灰色，近端部渐过渡为黑色，黑色区与玫瑰红色尾羽端部相连接。颏、喉黑色，颊的下部与黑喉交界处为淡栗色；胸、胁及腹侧与背羽同色，腹中部淡灰色；尾下覆羽淡栗色。雌鸟羽色似雄鸟，但颏、喉的黑色斑较小且染褐色；冠羽较短；上体更显暗褐色，尾上覆羽不显灰色；初级飞羽的白色端斑小而不鲜明，外翈的红斑仅在少数羽片上微留痕迹；尾端的玫瑰红色斑较小，黑色次端斑也不显著。虹

膜紫红色；嘴黑色；脚、爪黑色。

栖息环境　繁殖期主要栖息于山地针叶林或针阔叶混交林中，非繁殖期也栖息于阔叶林、次生林和林缘地带，有时也出现在果园、公园、村庄等人类居住地附近的树林中。

生活习性　除繁殖期成对活动外，常数十只或数百只聚集成群，偶尔也见与太平鸟混群。性情活跃，不停地在树上跳上飞下。除饮水外，很少下地。杂食性，以植物果实及种子为主食，兼食少量昆虫。

地理分布　早期科考资料有记载，但本次调查未见。浙江省内见于杭州、绍兴、宁波、舟山、温州、丽水。国内分布于浙江、黑龙江、辽宁、吉林、北京、天津、河北、山东、河南、山西、陕西、内蒙古东部、青海、云南西部、四川、重庆、贵州、湖北、湖南、安徽、江西、江苏、上海、福建、广东、香港、台湾。

繁殖　每年 6 月开始繁殖。巢多营于针叶树枝间，以树枝、苔藓、枯草等为巢材，巢内铺垫羽毛、草茎等，巢呈碗状。每窝产卵 4~6 枚。孵化期为 14 天左右。

居留型　冬候鸟（W）。

保护与濒危等级　《中国生物多样性红色名录》无危（LC）;《IUCN 红色名录》近危（NT）。

保护区相关记录　首次记录为翁少平（2014）。张雁云（2017）也有记录。

218 丽星鹩鹛

Elachura formosa (Walden, 1874)

目　雀形目 PASSERIFORMES
科　丽星鹩鹛科 Elachuridae

英文名　Spotted Wren-Babbler

形态特征　小型鸟类，体长 10~11cm。上体和两翅覆羽暗褐色，或多或少缀有棕色，特别是腰和尾上覆羽较明显。上体各羽均具有一小的白色次端斑，白色斑点前后均缘以黑色，飞羽内翈暗褐色，外翈具棕褐色和黑色相间横斑；尾红褐色或淡棕褐色，具黑色横斑。下体概淡黄褐色或暗黄色，腹和两胁棕色，各羽均具三角形白色斑点，腹和两胁白色斑点上还有更小的黑斑。虹膜褐色，嘴角褐色，脚和趾亦为角褐色。

栖息环境　主要栖息于海拔 2500m 以下的山地森林中，尤以林下灌木和草本植物发达的阴暗而潮湿的常绿阔叶林、溪流与沟谷林中较常见。

生活习性　地栖性，主要在林下地上灌木丛、草丛间活动和觅食。善于在地面奔跑，除非迫不得已，一般很少起飞。每次飞行距离亦很短，多在树丛间飞翔穿梭。性隐蔽，隐匿

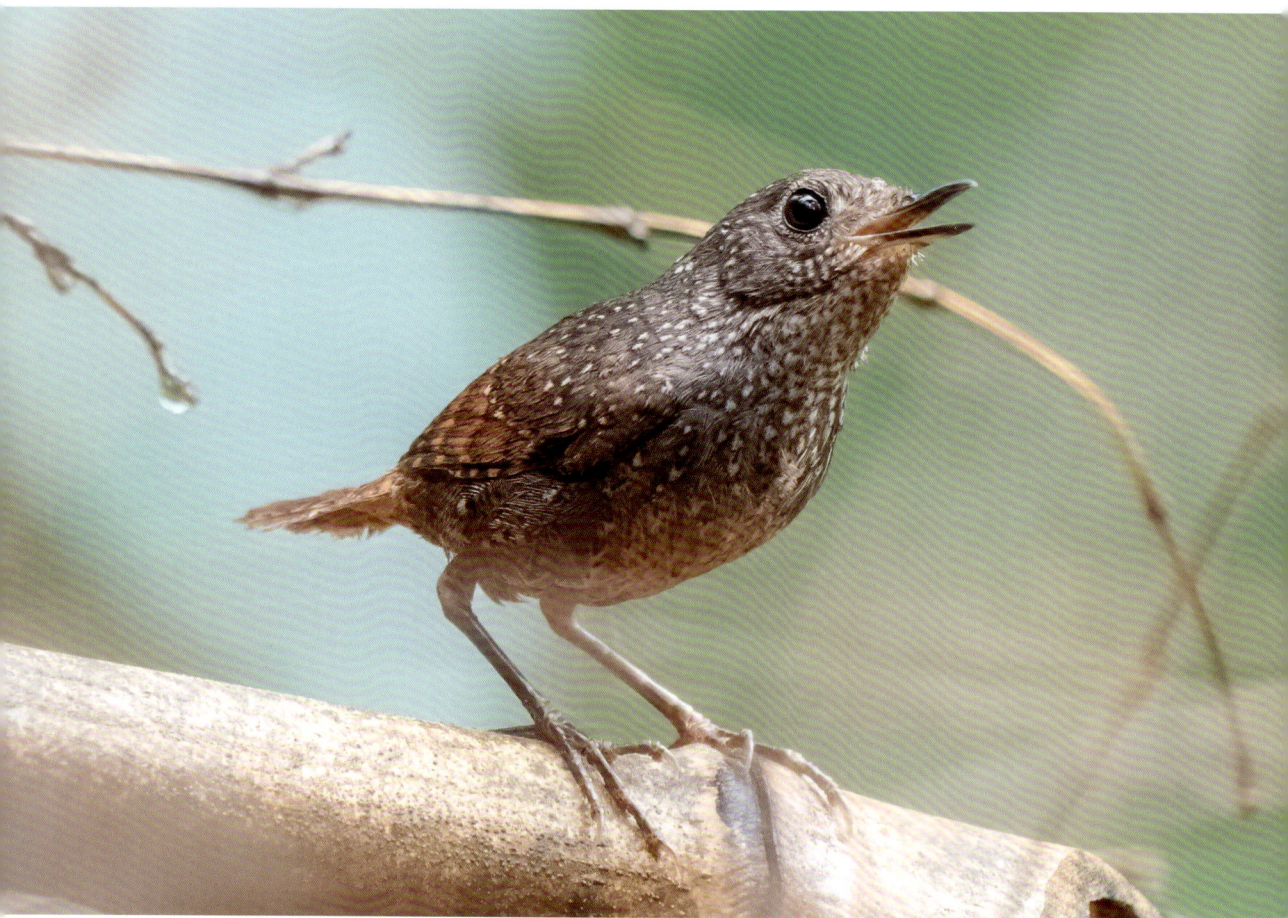

于山区常绿林的林下层。鸣声响亮而单调，为不断重复的三声一度的单音节哨声，其声似"滴 - 滴 - 跌"。主要以昆虫为食。

地理分布　保护区记录于三插溪、木岱山、黄连山、金竹坑、垟岭坑、乌岩尖、石境、理光、炉坪等地。浙江省内见于杭州、台州、衢州、温州、丽水。国内分布于浙江、云南、江西、福建西北部。

繁殖　繁殖期4—7月。通常营巢于茂密森林中地上，尤其是溪流岸边和岩石沟谷地区。巢呈杯状，主要由枯草茎、枯草叶和根等构成，内有时垫少量羽毛。巢常常被隐藏在灌丛与草丛以下或枯枝落叶中，甚为隐蔽。每窝产卵 3~4 枚。卵纯白色，偶尔被少许红褐色斑点，大小为 16.5mm × 12.5mm。

居留型　留鸟（R）。

保护与濒危等级　《中国生物多样性红色名录》近危（NT）;《IUCN 红色名录》无危（LC）。

保护区相关记录　2020 年科考新增物种。

219　橙腹叶鹎

Chloropsis hardwickii Jardine & Selby, 1830

目　雀形目 PASSERIFORMES
科　叶鹎科 Chloropseidae

英文名　Orange-bellied Leafbird

形态特征　小型鸟类，体长 16~20cm。雄鸟额、头顶至后颈黄绿色或蓝绿色；额基、眼先、颊、耳羽和耳羽下方均为蓝黑色，且与颏、喉、上胸黑色连为一体；眉区和眼后微沾黄色；其余上体草绿色，两翼黑色。翅上小覆羽亮蓝色，其余翅上覆羽和初级飞羽紫黑色，外翈为深蓝色且具金属光泽，次级飞羽外翈绿色。尾羽暗褐色至黑色，大多沾有暗紫色或暗蓝色。颏、喉和上胸微缀紫蓝色，髭纹钴蓝色，粗而短，两胁绿色，其余下体橙色。雌鸟与雄鸟大致相似，但较雄鸟明显小，上体全为草绿色，额和头顶不沾黄色，两翅表面、尾上覆羽和尾羽表面均为草绿色，髭纹淡钴蓝色。喉中部至上胸和腹部两侧均为浅绿色，橙色仅限于腹部中央和尾下覆羽。虹膜红色、棕色至红棕色，嘴黑色，跗跖灰绿色、铅灰色至黑色。

栖息环境　主要栖息于海拔 2300m 以下的低山丘陵和山脚平原地带的森林中，尤以次生阔叶林、常绿阔叶林和针阔叶混交林中常见。

生活习性　常成对或成 3~5 只的小群，多在乔木冠层间活动，尤其在溪流附近和林间空地等开阔地区的高大乔木上出入频繁，偶尔也到林下灌木、地上活动和觅食。性活泼，常不停地在枝叶间跳上跳下，或在林木间飞来飞去，并不断发出悦耳的叫声。杂食性，主要以昆虫为食，也吃部分植物果实和种子。

地理分布　保护区记录于上芳香、芳香坪、洋溪、石鼓背等地。浙江省内见于杭州、宁波、衢州、温州、丽水。国内分布于浙江、四川、贵州、湖北、湖南、江西、福建、广东、香港、澳门、广西、海南。

繁殖　繁殖期 5—7 月。营巢于森林中树上。巢呈杯状，由枯草茎、枯草叶和草根等材料构成。每窝产卵 3 枚，卵的平均大小为 22.8mm × 15.9mm。

居留型　留鸟（R）。

保护与濒危等级　《中国生物多样性红色名录》无危（LC）;《IUCN 红色名录》无危（LC）。

保护区相关记录　首次记录为第一次综合科考（1984）。翁少平（2014）、张雁云（2017）也有记录。

220　红胸啄花鸟　火胸啄花鸟

Dicaeum ignipectus (Blyth, 1843)

目　雀形目 PASSERIFORMES
科　啄花鸟科 Dicaeidae

英文名　Fire-breasted Flowerpecker

形态特征　小型鸟类，体长 6~10cm。雄鸟上体呈金属绿蓝色，尾上覆羽稍沾辉蓝色；两翅的小覆羽和中覆羽与背同色，大覆羽和飞羽暗褐色，外侧羽片具辉亮暗绿色，次级飞羽更缘以橄榄黄色，飞羽羽干黑色，下面浅褐色；尾羽暗褐色，微渲染辉蓝色；眼先、颊、耳羽、颈侧和胸侧概黑色，微杂以橄榄黄色或灰色。颏、喉棕黄色；胸具朱红色横斑；腹、尾下覆羽浓棕黄色，腹部中央纵贯以宽而曲折的黑纹；两胁橄榄绿色；腋羽白色，微沾黄色；翅下覆羽纯白色。在多数个体，秋羽的上体羽端缘以橄榄绿色。雌鸟上体暗橄榄绿色，头顶羽基暗褐色，呈斑驳状；下背和腰沾黄色；飞羽暗褐色，外侧飞羽具淡色狭缘，内侧飞羽缘以橄榄绿色，翅上覆羽暗褐色，概缘以橄榄绿色，飞羽羽干黑色，下面浅褐色；眼先灰白色，颊和耳羽呈沾灰的橄榄绿色，颊部缀以白色点斑。颏、喉棕黄色近白色，胸侧和两胁橄榄绿色，下体余部浓棕黄色；腋羽白色，微沾淡黄色，翅下覆羽白色。虹膜褐色或暗褐色；嘴黑褐色，下嘴基部较淡，多呈角灰色；脚黑色或铅灰色。

栖息环境　主要栖息于海拔 1500m 以下的低山丘陵和山脚平原地带的阔叶林、山地森林，夏季也常上到海拔 1500m 以上的阔叶林和针阔叶混交林地带。

生活习性　除繁殖期单独或成对活动，其他季节多成 3~5 只的小群，活动于高树顶处，

有时也同绣眼鸟等混群。常在盛开花朵的树上结群觅食，特别是在冬季和干旱季节，花果不如春夏繁茂时，结群活动更为常见。嗜食浆果及寄生在常绿树上的有槲寄生果实上的黏质物。性活泼，行动敏捷，整天无休止地在树枝间跳跃觅食。飞行能力较强，速度快，边飞边叫，鸣声似"tik-tik-tik-tik"，有时亦转为细柔而带颤音的"zi-zi-zi"声。所吃食物主要有双翅目、鳞翅目、鞘翅目等各种昆虫及其虫卵，以及蜘蛛、花蕊、花蜜等无脊椎动物和植物性食物。

地理分布　保护区记录于桥头岗、乌岩尖、朱家滩、金针湖等地。浙江省内见于温州、丽水。国内分布于浙江、河南、陕西、甘肃、西藏、云南、四川、贵州、湖北、湖南、江西、福建、广东、香港、澳门、广西、海南。

繁殖　繁殖期4—7月。营巢于阔叶树上，距地高3~6m，通常悬吊于细小树枝末梢，四周有绿叶掩护，一般难以发现。巢呈椭圆形的囊袋状，主要以种子毛、花序、蛛丝等材料编成。巢的大小为外径6cm，高10cm，巢口多位于近上端侧面，巢口直径为1.5~2.5cm。每窝产卵2~3枚。卵白色，大小为（13.7~16.6mm）×（10.0~10.9mm）。

居留型　留鸟（R）。

保护与濒危等级　浙江省重点保护野生动物；《中国生物多样性红色名录》无危（LC）；《IUCN红色名录》无危（LC）。

保护区相关记录　首次记录为第一次综合科考（1984）。翁少平（2014）、张雁云（2017）也有记录。

221 **叉尾太阳鸟** 燕尾太阳鸟

Aethopyga christinae Swinhoe, 1869

目 雀形目 PASSERIFORMES
科 花蜜鸟科 Nectariniidae

英文名 Fork-tailed Sunbird

形态特征 小型鸟类，体长 8~11cm。雄鸟头顶至后颈为绿色，具金属光泽，背羽绒黑色，腰呈鲜黄色，翅为暗褐色，外缘以橄榄黄色，尾上覆羽和中央尾羽金属绿色或蓝紫色，中央尾羽羽轴先端延长如针状，外侧 4 对尾羽具清晰的纯白色端斑和翠绿色羽缘；眼先、颊、耳羽概黑色，头侧或渲染褐红色，髭纹翠绿色且具金属光泽，或呈辉紫色。颏、喉、上胸暗褐红色，下胸橄榄黄色，有时染以灰褐色，下体浅绿黄色不鲜亮，近下胸处渲染灰色，胁部丝白色或微缀黄色，翅下覆羽白色。雌鸟冠部或冠部羽基灰褐色至褐色，上体橄榄黄染绿色；两翅暗褐色，狭缘以橄榄黄色；尾羽褐黑色，中央尾羽羽轴不延长，外侧尾羽具明显的白色羽端，向外渐形大；眼先灰黑色，头侧浅橄榄绿色。颏、喉灰绿色，胸部呈较深灰绿黄色，腹部为灰绿色，尾下覆羽淡乳黄色或乳白色。虹膜暗褐色或深红色，嘴黑色，脚暗褐色。

栖息环境 栖息于中山、低山丘陵地带，尤以山沟、溪旁、山坡阔叶林中常见，也见于油茶林、果园和村寨附近的树丛中。

生活习性 常单独或成对活动，有时亦成松散的小群。性情活泼大胆，行动敏捷，总是不停地在枝梢间跳跃飞行。常在高树顶上活动，尤喜在寄生植物丛中活动和觅食。不时发

出尖细而单调的叫声，繁殖期也常站在树顶鸣叫，鸣声婉转。以花蜜为主食，兼捕食飞虫和树丛中昆虫、蜘蛛等。常扇动双翅悬垂于花朵上空，以微呈弯曲的嘴和管状的长舌吸食花蜜，也吃种子等食物。

地理分布 保护区记录于木岱山、前垟、新桥、黄泥岱、上岱、道均垟等地。浙江省内见于杭州、宁波、台州、温州、丽水。国内分布于浙江、河南、云南南部、四川、重庆、贵州、湖北西北部、湖南、江西东北部、福建、广东、香港、澳门、广西。

繁殖 繁殖期4—6月。营巢于阔叶树的树枝上。巢呈长梨状，主要由草茎、苔藓、枯树叶、木棉絮、毛、羽为材料编织构成，系于悬垂的横枝下面，里层敷以地衣、软细的木棉絮和细的草根等材料。巢的大小为高11.6cm，宽6.3cm，出入口位于巢的上方，呈椭圆形，大小为3.6cm×2.8cm，其上有一长达1.6cm左右的屋檐遮挡出入口。每窝产卵2~4枚，多为2~3枚。卵绿色或灰色，被红褐色或紫色斑点。雌鸟负责孵卵，雄鸟偶尔伴随雌鸟归至巢房，孵化期13~17天。破壳出雏当天亲鸟即寻食喂雏，由雌鸟单独育雏，3日龄全天喂食38次，9日龄全天喂食81次，12日龄离巢时1小时喂食5次，巢空后雌鸟仍叼食回巢数次，不见雏鸟时才退出巢。

居留型 留鸟（R）。

保护与濒危等级 浙江省重点保护野生动物;《中国生物多样性红色名录》无危（LC）;《IUCN 红色名录》无危（LC）。

保护区相关记录 首次记录为张雁云（2017）。

222 白腰文鸟 白丽鸟、算命鸟、衔珠鸟、观音鸟

Lonchura striata (Linnaeus, 1766)

目 雀形目 PASSERIFORMES
科 梅花雀科 Estrildidae

英文名 White-rumped Munia

形态特征 小型鸟类，体长 10~12cm。雌、雄羽色相似。额、头顶前部、眼先、眼周、颊和嘴基均为黑褐色，头顶后部至背和两肩暗沙褐色或灰褐色，具白色或皮黄白色羽干纹。腰白色，尾上覆羽栗褐色，具棕白色羽干纹和红褐色羽端。尾黑色，先端尖，呈楔状。两翅黑褐色，翅上覆羽和三级飞羽外表羽色同背，但较背深，亦具棕白色羽干纹。耳覆羽和颈侧淡褐色或红褐色，具细的白色条纹或斑点。颏、喉黑褐色，上胸栗色，各羽具浅黄色羽干纹和淡棕色羽缘，下胸、腹和两胁白色或灰白色，各羽具不明显的淡褐色 U 形斑或鳞状斑；肛周、尾下覆羽和覆腿羽栗褐色，具棕白色细纹或斑点。虹膜红褐色或淡红褐色；上嘴黑色，下嘴蓝灰色；跗跖蓝褐色或深灰色。

栖息环境 栖息于海拔 1500m 以下的低山、丘陵和山脚平原地带，尤以溪流、苇塘、农田和村落附近常见。

生活习性 除繁殖期多成对活动外，其他季节多成群，常数只或十多只在一起，秋冬季节亦见数十只甚至上百只的大群，群的结合较为紧密，无论是飞翔或是停息时，常常挤成一团。常在矮树丛、灌丛、竹丛、草丛中，以及庭院、田间地头活动，晚上成群栖息在树上或竹上。夏、秋季节常与麻雀一起站在稻穗和麦穗头上啄食种子，有时还成群飞往粮食仓库盗食。冬季群居在旧巢中，一般 10 余只同居一旧巢。常站在树枝、竹枝等高处鸣叫，也常边飞边鸣。鸣声单调低沉，但很清晰，其声似"嘘、嘘、嘘、嘘"，多四五声一

度，声声分开，急速而短促，受惊时鸣声更尖锐而短促。飞行时两翅扇动甚快，常可听见振翅声，特别是成群飞翔时声响更大，快而有力，呈波浪状前进。性温顺，不畏人，易于驯养。以植物种子为主食，特别喜欢稻谷，夏季也吃一些昆虫和未熟的谷穗、草穗。

地理分布 保护区记录于三插溪、黄桥等地。浙江省各地广布。国内分布于浙江、山东、河南、陕西南部、甘肃南部、云南、四川、重庆、贵州、湖北、湖南、安徽、江西、江苏、上海、福建、广东、香港、澳门、广西、海南、台湾。

繁殖 繁殖期4—9月。营巢在农田地边和村庄附近的树上、竹丛中，也在山边、溪旁、庭院中的树上、灌丛、竹丛中营巢。巢置于接近主干的茂密枝杈处，距地高一般为1.5~6.0m，也有低于1m或高达8m的。营巢由雌、雄亲鸟共同承担。巢主要由杂草、竹叶、稻穗、麦穗等材料构成，随地区的不同稍有不同，通常就地取材，内垫以细草。巢呈曲颈瓶状、椭圆状或圆球状，若为曲颈瓶状，则开口于曲颈端部，其他形状开口于顶端侧面。巢筑好后即开始产卵，每窝产卵3~7枚，通常4~6枚。卵为椭圆形或尖卵圆形，白色，光滑无斑，大小为（14.4~18.0mm）×（10.5~12.2mm），重0.7~1.5g。卵产齐后即开始孵卵，由雌、雄亲鸟轮流承担，孵化期14天左右。雏鸟晚成性，雌、雄亲鸟轮流哺育，19天左右幼鸟即可离巢。

居留型 留鸟（R）。

保护与濒危等级 《中国生物多样性红色名录》无危（LC）;《IUCN红色名录》无危（LC）。

保护区相关记录 首次记录为第一次综合科考（1984）。翁少平（2014）、张雁云（2017）也有记录。

223 斑文鸟 花斑衔珠鸟、麟胸文鸟

Lonchura punctulata (Linnaeus, 1758)

目 雀形目 PASSERIFORMES

科 梅花雀科 Estrildidae

英文名 Scaly-breasted Munia、Spice Finch

形态特征 小型鸟类，体长 10~12cm。雌、雄羽色相似。额、眼先栗褐色，羽端稍淡，头顶、后颈、背、肩淡棕褐色或淡栗黄色，每片羽毛均有淡色羽干纹和不甚明显的暗栗褐色、淡褐色横斑。两翅暗褐色，翅上覆羽、初级飞羽和次级飞羽羽缘、三级飞羽缀亮栗褐色。下背、腰和短的尾上覆羽灰褐色，羽端近白色，具细的淡栗色横斑和白色羽干纹，长的尾上覆羽和中央尾羽橄榄黄色，其余尾羽暗黄褐色。脸、颊、头侧、颏、喉深栗色，颈侧栗黄色，羽尖白色，上胸、胸侧淡棕白色，各羽均具 2 道红褐色或浅栗色弧状横斑，形成鳞片状；下胸、上腹和两胁白色或近白色，各羽具 2 道暗灰褐色、深栗色弧状横斑或 U 形斑，腹中央和尾下覆羽白色或皮黄白色；尾下覆羽亦具 2 道褐色弧状横斑，但常常被羽毛掩盖而不明显，腋羽、翅下覆羽亮棕皮黄色或红赭色。虹膜褐色或暗褐色；嘴蓝黑色或黑色，冬季较淡；脚暗铅色或铅褐色。幼鸟上嘴褐色，下嘴黄色；脚淡褐色。

栖息环境 主要栖息于海拔 1500m 以下的低山、丘陵、山脚、平原地带的农田、村落、林缘疏林及河谷地区。

生活习性 除繁殖期成对活动外，多成群，常成 20~30 只甚至上百只的大群活动和觅食，有时也与麻雀和白腰文鸟混群。多在庭院、村边、农田、溪边树上、灌丛与竹林中，也在草丛和地上活动。群结合较紧密，休息时亦多紧紧集聚在一起，有时一棵树上聚集着上百

只，若有惊扰，全群立即起飞。飞行迅速，两翅扇动有力，常常发出呼呼的振翅声响，飞行时亦多成紧密的一团。杂食性，主要以谷粒等农作物为食，也吃草籽和其他野生植物果实、种子，繁殖期吃部分昆虫。

地理分布 保护区记录于三插溪。浙江省各地广布。国内分布于浙江、重庆、贵州、湖北、湖南、安徽南部、江西、江苏南部、上海、福建、广东、香港、澳门、广西、海南、台湾。

繁殖 繁殖期 3—8 月。营巢于靠近主干的茂密侧枝枝杈处，也有在蕨类植物上营巢的。常成对分散营巢，有时亦见成群在一起营群巢。巢呈长椭圆形或不规则的圆球状，结构较庞大，主要由杂草构成，内垫较为细软的枯草。巢的长轴与地面平行，端部多作成瓶颈状，入口处有用草穗编织的檐。营巢由雌、雄鸟共同承担，每小时衔取巢材最多达 51 次，有时刮风也不休息，1 个巢历时 18 天才能筑好。巢距地高多在 2~4m 的，也有 8~12m 的。巢的大小平均为外径 15.7cm，内径 12.7cm，高 19.4cm，深 14.0cm，出入口直径 4.2~4.4cm。巢筑好后即开始产卵，每窝产卵 4~8 枚。卵为椭圆形，白色，光滑无斑，大小平均为 16.5mm × 11.4mm，重 2.1g。雏鸟晚成性，雌鸟独自育雏，幼鸟留巢期 20~22 天。

居留型 留鸟（R）。

保护与濒危等级 《中国生物多样性红色名录》无危（LC）；《IUCN 红色名录》无危（LC）。

保护区相关记录 首次记录为第一次综合科考（1984）。翁少平（2014）、张雁云（2017）也有记录。

224 山麻雀

Passer cinnamomeus (Gould, 1836)

目　雀形目 PASSERIFORMES
科　雀科 Passeridae

英文名　Russet Sparrow

形态特征　小型鸟类，体长 13~15cm。雄鸟上体从额、头顶、后颈一直到背和腰概为栗红色，上背内翈具黑色条纹，背、腰外翈具窄的土黄色羽缘和羽端。尾上覆羽黄褐色，尾暗褐色或褐色，亦具土黄色羽缘，中央尾羽边缘稍红。两翅暗褐色，外翈羽缘棕白色，翅上小覆羽栗红色，中覆羽黑栗色，每片羽毛中央有一楔状栗色斑，两侧黑栗色且具宽阔的白色端斑，大覆羽黑栗色且具宽阔的栗红色至栗黄色羽缘，小翼羽和初级覆羽黑褐色。初级和次级飞羽黑色，具宽阔的栗黄色羽缘，初级飞羽外翈基部有 2 道棕白色横斑。眼先和眼后黑色，颊、耳羽、头侧白色或淡灰白色。颏和喉部中央黑色，喉侧、颈侧和下体灰白色，有时微沾黄色，覆腿羽栗色。腋羽灰白色沾黄色。雌鸟上体橄榄褐色或沙褐色，上背满杂以棕褐与黑色斑纹，腰栗红色；眼先和贯眼纹褐色，一直向后延伸至颈侧，眉纹皮黄白色或土黄色、长而宽阔。颊、头侧、颏、喉皮黄色或皮黄白色，下体淡灰棕色，腹部中央白色，两翅和尾颜色同雄鸟。虹膜红栗褐色或褐色，嘴黑色，跗跖和趾黄褐色。

栖息环境　栖息于海拔 1500m 以下的低山丘陵和山脚平原地带的各类森林、灌丛中。多活动于林缘疏林、灌丛和草丛中，不喜欢茂密的大森林，有时也到村镇和居民点附近的农田、河谷、果园、岩石草坡、房前屋后、路边树上活动和觅食。

生活习性　性喜结群，除繁殖期单独或成对活动外，其他季节多成小群。在树枝或灌丛

间飞来飞去或飞上飞下，飞行力较其他麻雀强，活动范围亦较其他麻雀大。冬季常随气候变化移至山麓草坡、耕地和村寨附近活动。杂食性，所吃动物性食物主要为金花甲、金龟甲、叩甲、蜷象、蜻蜓幼虫、鳞翅目幼虫、象甲、瓢虫、蚂蚁、蝉、蚊等，植物性食物主要有麦、稻谷、荞麦、小麦、玉米等植物果实和种子。

地理分布 保护区记录于竖半天、何园、洋溪等地。浙江省内见于湖州、杭州、绍兴、宁波、台州、金华、衢州、温州、丽水。国内分布于浙江、北京、天津、河北、山东、河南、山西、陕西、宁夏、甘肃、青海、云南、四川、重庆、湖北、湖南、安徽、江西、江苏、上海、福建、广东、香港、广西、台湾。

繁殖 繁殖期4—8月。营巢于山坡岩壁天然洞穴中，也筑巢在堤坝、桥梁、房檐下和墙壁洞穴中，也有在树枝上营巢和利用啄木鸟与燕的旧巢。巢主要用枯草叶、草茎和细枝构成，内垫棕丝，羊毛、羽毛等，雌、雄鸟共同参与营巢活动。巢的大小为外径（6.4~9.0cm）×（8.8~13.0cm），内径（5.2~7.0cm）×（6.1~9.0cm），高6.0~9.7cm，深2.5~2.8cm。每窝产卵4~6枚，1年繁殖2~3窝。卵白色或浅灰色，被茶褐色或褐色斑点，尤以钝端较密，常在钝端形成圈状，大小为（17.0~21.1mm）×（13.0~14.8mm），重7.9~8.0g。

居留型 留鸟（R）。

保护与濒危等级 《中国生物多样性红色名录》无危（LC）;《IUCN红色名录》无危（LC）。

保护区相关记录 首次记录为第一次综合科考（1984）。翁少平（2014）、张雁云（2017）也有记录。

225 **麻雀** 树麻雀

Passer montanus (Linnaeus, 1758)

目 雀形目 PASSERIFORMES
科 雀科 Passeridae

英文名 Tree Sparrow、Eurasian Tree Sparrow

形态特征 小型鸟类，体长 13~15cm。额至后颈栗褐色；上体沙褐色，背部具黑色纵纹，并缀以棕褐色；尾暗褐色，羽缘较浅淡；翅小覆羽栗色，中覆羽的基部呈灰黑色，具白色沾黄的羽端，大覆羽大都黑褐色，外翈具棕褐色边缘，初级飞羽、次级飞羽外翈及端部具宽窄不一的栗色或棕褐色边缘。眼的下缘、眼先、颏和喉的中部均黑色；颊、耳羽和颈侧概白色，耳羽后各具一黑色块斑；胸和腹淡灰近白色，沾有褐色，两胁转为淡黄褐色，尾下覆羽与之相同，但色更淡，各羽具宽的较深色的轴纹，腋羽色同胁部。虹膜暗红褐色；嘴一般为黑色，但冬季有的呈角褐色，下嘴呈黄色，特别是基部；脚和趾等均污黄褐色。

栖息环境 主要栖息在人类居住的环境，无论山地、平原、丘陵、草原、沼泽和农田，还是城镇和乡村。

生活习性 除繁殖期外，常成群活动，特别是秋冬季节，集群多达数百只，甚至上千只。一般在房舍及其周围地区，尤其喜欢在房檐、屋顶、房前屋后的小树和灌丛上，有时也到邻近的农田地上活动和觅食。每个栖息地都有较为固定的觅食场所，活动范围多在1~2km。在屋檐洞穴或瓦片下的缝隙中过夜，也有在房舍或村旁附近的岩穴、土洞、树上过夜和休息的。性活泼，频繁地在地上奔跑，并发出叽叽喳喳的叫声，显得较为嘈杂。若有惊扰，立刻成群飞至房顶或树上，一般飞行不远，也不高飞。飞行时两翅扇动有力，速度甚快，大群飞行时常常发出较大的声响。性大胆，不甚怕人，也很机警，在地上发现食

物时，常常先向四周观看，确认无危险，才跑去啄食，或先去几只试探，然后才有更多的鸟陆续飞去。食性较杂，主要以谷粒和草籽等种子、果实等植物性食物为食，繁殖期也吃大量昆虫，特别是雏鸟，几全以昆虫为食。

地理分布　保护区各地常见。浙江省各地广布。国内分布于浙江、北京、天津、河北、山东、河南、山西、陕西、内蒙古、宁夏、甘肃、青海、云南、四川、重庆、贵州、湖北、湖南、安徽、江西、江苏、上海、福建、广东、香港、澳门、广西、台湾。

繁殖　繁殖期3—8月。1年繁殖2~3次。雌、雄共同参与营巢活动，通常就地采集营巢材料。巢呈杯状或碗状，洞外巢则为球形或椭圆形，有盖，侧面开口，营巢材料主要是枯草、茎叶、须根、鸡毛、麻、破布等，内垫绒毛、兽毛、羽毛等。巢的大小为外径（14~21cm）×（20~28cm），内径7~11cm，高7~20cm，深3~8cm。巢筑好后即开始产卵，通常每天产卵1枚，每窝产卵4~8枚，多为5~6枚，也有少至2~3枚的。卵呈椭圆形，颜色变化较大，多为白色或灰白色，被黄褐色或紫褐色斑点，大小为（17.1~21.5mm）×（12.6~15.4mm），重2.0~2.6g。卵产齐后即开始孵卵，由雌、雄亲鸟轮流进行，孵化期11~13天。雏鸟晚成性，雌、雄亲鸟共同觅食喂雏，经过15~16天的喂养，幼鸟即可离巢，离巢的幼鸟仍需亲鸟喂食1周左右才能独立觅食生活。

居留型　留鸟（R）。

保护与濒危等级　《中国生物多样性红色名录》无危（LC）；《IUCN红色名录》无危（LC）。

保护区相关记录　首次记录为第一次综合科考（1984）。翁少平（2014）、张雁云（2017）也有记录。

226 **山鹡鸰** 林鹡鸰、树鹡鸰

Dendronanthus indicus (Gmelin, JF, 1789)

目 雀形目 PASSERIFORMES
科 鹡鸰科 Motacillidae

英文名 Forest Wagtail

形态特征 小型鸟类，体长约 17cm。雄鸟额、头顶、后颈、肩、背等整个上体橄榄绿褐色，腰部较淡。尾上覆羽转为污黑褐色，尾黑色或黑褐色，中央 1 对尾羽暗褐色而缀橄榄绿色，最外侧 1 对尾羽白色，仅内侧基部有一斜行黑褐色斑，羽干亦为白色，最外侧第 2 对尾羽先端具大形楔状白斑，第 3 对外侧尾羽先端具小形白斑，其余尾羽全为黑色或黑褐色。翅上小覆羽橄榄褐色，中覆羽和大覆羽黑褐色，先端白色或黄白色，在翅上形成 2 道明显的翅斑。飞羽黑褐色，除第 1 枚初级飞羽外，其余飞羽基部白色，端部外侧羽缘缀以黄白色。眉纹淡黄白色，从嘴基直达耳羽上方，贯眼纹黑褐色，耳羽、颈侧橄榄褐色，颊淡黄白色且杂以橄榄褐色斑点。下体颈、喉白色，喉侧微沾暗褐色斑点；胸亦为白色，前胸有一黑褐色横带，后胸亦有一黑褐色横带，但此横带不完整，在中部开裂，前胸黑色横带在中部向下突出，延伸至后胸横带开裂处；其余下体白色，两胁微沾淡棕色或橄榄褐色。雌鸟与雄鸟相似，但羽色较暗淡。虹膜暗褐色或红褐色；上嘴黑褐色，下嘴肉红色或黄白色；跗跖肉色。

栖息环境 主要栖息于低山丘陵地带的山地森林中，尤以稀疏的次生阔叶林中较常见，也栖息于混交林、落叶林和果园。常单独或成对活动在林缘、河边、林间空地，甚至城镇公园中的树上。

生活习性　单独或成对在开阔森林地面穿行。喜欢沿着粗的树枝来回行走，栖止时尾不停地左右来回摆动，不似其他鹡鸰尾上下摆动，身体亦微微随着摆动，有时一边鸣叫一边沿着树的水平枝行走，尾仍呈水平方向左右来回摆动。飞行时呈典型鹡鸰类的波浪式飞行。受惊时作波浪状低飞，仅至前方几米处停下。主要以昆虫为食，常见的有鞘翅目、鳞翅目、直翅目、双翅目、膜翅目昆虫，也吃蜗牛、蛞蝓等小型无脊椎动物。

地理分布　早期科考资料有记载，但本次调查未见。浙江省各地广布。除西藏、新疆外，分布于全国各省份。

繁殖　繁殖期为 5—7 月。繁殖前雌、雄鸟在树枝间飞来飞去，相互追逐，或沿着树枝来回不停地走动，并不停地发出"唧呱-唧呱-唧呱-唧呱-唧"的求偶声。营巢于粗树的水平侧枝上，距地面高 3.5~6.0m。巢呈碗状，向上开口，主要由草茎、草叶、苔藓、花絮等材料编织而成，内垫兽毛或羽毛等柔软物质，结构甚为精巧。巢的大小为外径 62~75mm，内径 50~61mm，高 40~75mm，深 30~38mm。1 年繁殖 1 窝，每窝产卵 3~5 枚。卵呈椭圆形，灰白色或青灰色，其上被黑褐色或紫灰色斑点，大小为（19~22mm）×（14~16mm），重 1.4~2.5g。孵化期 9 天。雏鸟晚成性，雌、雄亲鸟轮流喂雏，每日最快 5min 喂 1 次，最慢半小时喂 1 次，每天喂食高峰在 9:00，喂养 12~14 天幼鸟即可离巢。

居留型　夏候鸟（S）。

保护与濒危等级　《中国生物多样性红色名录》无危（LC）；《IUCN 红色名录》无危（LC）。

保护区相关记录　首次记录为翁少平（2014）。张雁云（2017）也有记录。

227 **白鹡鸰** 白面鸟、白颊鹡鸰

Motacilla alba Linnaeus, 1758

目 雀形目 PASSERIFORMES
科 鹡鸰科 Motacillidae

英文名 White Wagtail

形态特征 小型鸟类，体长约 18cm。额头顶前部和脸白色，头顶后部、枕和后颈黑色。背、肩黑色或灰色，飞羽黑色。翅上小覆羽灰色或黑色，中覆羽、大覆羽白色或尖端白色，在翅上形成明显的白色翅斑。尾长而窄，尾羽黑色，最外 2 对尾羽主要为白色。颏、喉白色或黑色，胸黑色，其余下体白色。虹膜黑褐色，嘴和跗跖黑色。

栖息环境 主要栖息于河流、湖泊、水库、水塘等水域岸边，也栖息于农田、沼泽等湿地，有时还栖息于水域附近的居民点和公园。

生活习性 常单独、成对或成 3~5 只的小群活动，迁徙期间也见成 10 多只至 20 余只的大群。多栖息于地上或岩石上，有时也栖息于小灌木或树上，多在水边或水域附近的草地、农田、荒坡或路边活动，或是在地上慢步行走，或是跑动捕食。遇人则斜着起飞，边飞边鸣，鸣声似 "jilin–jilin–"，声音清脆响亮，飞行姿势呈波浪式，有时也较长时间地站在 1 个地方，尾不停地上下摆动。主要以昆虫为食，常见的有鞘翅目、双翅目、鳞翅目、膜翅目、直翅目等，也吃蜘蛛等其他无脊椎动物，偶尔吃植物种子、浆果等植物性食物。

地理分布 保护区各地常见。浙江省各地广布。国内见于各省份。

繁殖 繁殖期 4—7 月。通常营巢于水域附近岩洞、岩壁缝隙、河边土坎、田边石隙、河岸、灌丛与草丛中，也在屋脊、房顶和墙壁缝隙中营巢，甚至有在枯木树洞和人工巢箱中营巢的。巢呈杯状，外层粗糙、松散，主要由枯草茎、枯草叶和草根构成，内层紧密，主要由树皮纤维、麻、细草根等编织而成，巢内垫兽毛、绒羽、麻等柔软物。巢的大小为外径 11~16cm，内径 6~11cm，深 4~5cm，高 7~8cm。营巢由雌、雄亲鸟共同承担。巢筑好后即开始产卵，每窝产卵通常 5~6 枚，也有每窝 4~7 枚的。卵灰白色，被淡褐色斑，大小为（19~22mm）×（14~16mm），重 2.0~2.6g。孵卵由雌、雄亲鸟轮流进行，但以雌鸟为主，孵化期 12 天。雏鸟晚成性，孵出后由雌、雄亲鸟共同育雏，14 天左右幼鸟即可离巢。

居留型 留鸟（R）。

保护与濒危等级 《中国生物多样性红色名录》无危（LC)；《IUCN 红色名录》无危（LC）。

保护区相关记录 首次记录为第一次综合科考（1984）。翁少平（2014）、张雁云（2017）也有记录。

228 黄鹡鸰 牛屎鸟

目	雀形目 PASSERIFORMES
科	鹡鸰科 Motacillidae

Motacilla tschutschensis Gmelin, JF, 1789

英文名 Yellow Wagtail

形态特征 小型鸟类，体长 15~18cm。在国内亚种较多，各亚种羽色虽有不同程度的差异，但上体主要为橄榄绿色或草绿色，有的较灰。头顶和后颈多为灰色、蓝灰色、暗灰色或绿色，额稍淡，眉纹白色、黄色或无眉纹。有的腰部较黄，翅上覆羽具淡色羽缘。尾较长，主要为黑色，外侧 2 对尾羽主要为白色。下体鲜黄色，胸侧和两胁有的沾橄榄绿色，有的颏为白色。两翅黑褐色，中覆羽和大覆羽具黄白色端斑，在翅上形成 2 道翅斑。虹膜褐色，嘴和跗跖黑色。

栖息环境 栖息于低山丘陵、平原，常在林缘、林中溪流、平原河谷、村野、湖畔和居民点附近活动。

生活习性 多成对或成 3~5 只的小群，迁徙期亦见数十只的大群活动。喜欢停栖在河边或河中石头上，尾不停地上下摆动，有时也沿着水边来回不停地走动。飞行时两翅一收一伸，呈波浪式前进。常常边飞边叫，鸣声"唧－唧"。主要以昆虫为食，多在地上捕食，有时亦见在空中飞行捕食，常见食物种类为蚁、蚋、鞘翅目和鳞翅目昆虫等。

地理分布 早期科考资料有记载，但本次调查未见。浙江省各地广布。分布于浙江、黑龙江、吉林、辽宁、北京、河北、山东、河南、山西、陕西、内蒙古、青海、云南、四川、江苏、上海、福建、广东、香港、广西、香港、澳门、海南、台湾。

繁殖 繁殖期 5—7 月。通常营巢于河边草丛和湿地、沼泽的塔头墩边上，偶尔也见在居民柴垛中营巢，巢隐蔽性甚好。巢呈碗状，主要由枯草茎叶构成，内垫羊毛、牛毛和鸟类羽毛。巢的大小为内径（6~7cm）×（7~8cm），外径（9~10cm）×（11~12cm），高 6~7cm，深 5~6cm。营巢由雌、雄亲鸟共同承担，巢筑好后即开始产卵，最早在 5 月初即见有产卵的，大多在 5 月中下旬，每天产 1 枚，每窝产卵 5~6 枚，多为 5 枚。卵灰白色，其上被褐色斑点和斑纹，大小为（14~15mm）×（19~21mm），重 1.9~2.2g。孵卵由雌鸟承担，孵化期 14 天。雏鸟晚成性，刚孵出时雏鸟除头顶、肩和腰有少许灰黄色绒羽外，其他全赤裸无羽，两眼紧闭，通体肉红色，雌、雄亲鸟共同育雏，雏鸟留巢期 13~15 天。

居留型 旅鸟（P）。

保护与濒危等级 《中国生物多样性红色名录》无危（LC）;《IUCN 红色名录》无危（LC）。

保护区相关记录 首次记录为翁少平（2014）。张雁云（2017）也有记录。

229 灰鹡鸰

Motacilla cinerea Tunstall, 1771

目　雀形目 PASSERIFORMES
科　鹡鸰科 Motacillidae

英文名　Gray Wagtail

形态特征　小型鸟类，体长 16~19cm。雄鸟前额、头顶、枕和后颈灰色或深灰色；肩、背、腰灰色，沾暗绿褐色或暗灰褐色。尾上覆羽鲜黄色，部分沾有褐色，中央尾羽黑色或黑褐色，具黄绿色羽缘，外侧 3 对尾羽除第 1 对全为白色外，第 2~3 对外翈黑色或大部分黑色，内翈白色。两翅覆羽和飞羽黑褐色，初级飞羽除第 1~3 对外，其余内翈具白色羽缘，次级飞羽基部白色，形成 1 道明显的白色翅斑，三级飞羽外翈具宽阔的白色或黄白色羽缘。眉纹和颧纹白色，眼先、耳羽灰黑色。颏、喉夏季为黑色，冬季为白色，其余下体鲜黄色。雌鸟与雄鸟相似，但雌鸟上体较绿灰，颏、喉白色。虹膜褐色，嘴黑褐色或黑色，跗跖和趾暗绿色或角褐色。

栖息环境　栖息于溪流、河谷、湖泊、水塘、沼泽等水域岸边或水域附近的草地、农田、住宅、林区居民点，尤其喜欢在山区河流岸边和道路上活动，也出现在林中溪流和城市公园中。

生活习性　常单独或成对活动，有时也集成小群或与白鹡鸰混群。飞行时两翅一展一收，呈波浪式前进，并不断发出"ja-ja-ja-ja"的鸣叫声。被惊动以后则沿着河谷上下飞行，并不停地鸣叫。多在水边行走或跑步捕食，有时也在空中捕食。主要以昆虫为食。其中，雏

鸟主要以石蛾、石蝇等水生昆虫为食，也吃少量鞘翅目昆虫；成鸟主要以鞘翅目、鳞翅目、直翅目、半翅目、双翅目、膜翅目等昆虫为食，也吃蜘蛛等其他小型无脊椎动物。

地理分布　保护区记录于三插溪。浙江省各地广布。国内见于各省份。

繁殖　繁殖期5—7月。繁殖开始前雌、雄鸟常成对沿河谷飞行活动，觅找巢位，当巢域选定以后，活动范围才比较固定。此时雌、雄鸟不仅常在一定的区域内活动，而且极为活跃，鸣叫频繁，时常双双在巢区内位置较高的屋顶和树上鸣叫追逐，并不时地飞向空中，彼此像撕打一样在空中上下翻滚飞舞。营巢于河边土坑、水坝、石头缝隙、石崖台阶、河岸倒木树洞、房屋墙壁缝隙等各类生境。营巢由雌、雄亲鸟共同进行，筑巢材料通常就地取得，因此常因营巢环境不同而巢材有所变化，特别是内垫物。如在林区营巢者，内垫物多系各种树皮纤维和兽毛；而在居民点及其附近营巢者，则多以人类废弃的麻、毡、家禽和家畜毛作内垫。巢外壁则多以枯草叶、枯草茎、枯草根和苔藓构成。通常1天产卵1枚，每窝产卵4~6枚，通常为5枚。卵多为尖卵圆形和卵圆形，少数为钝卵圆形，颜色变化也较大：有的呈白色沾黄色，光滑无斑；有的呈灰白色，染以黄色；有的呈棕灰色，带褐色斑。卵的大小平均为18mm×14mm，平均重量为1.52g。卵产齐后即开始孵卵，主要由雌鸟承担，孵化期12天。雏鸟晚成性，由雌、雄亲鸟共同育雏，留巢期14天。

居留型　留鸟（R）。

保护与濒危等级　《中国生物多样性红色名录》无危（LC）；《IUCN红色名录》无危（LC）。

保护区相关记录　首次记录为翁少平（2014）。张雁云（2017）也有记录。

230 树鹨 木鹨

Anthus hodgsoni Richmond, 1907

目 雀形目 PASSERIFORMES
科 鹡鸰科 Motacillidae

英文名 Olive-backed Pipit

形态特征 小型鸟类，体长 15~16cm。上体橄榄绿色或绿褐色，头顶具细密的黑褐色纵纹，往后到背部纵纹逐渐不明显。眼先黄白色或棕色，眉纹自嘴基起棕黄色，后转为白色或棕白色，具黑褐色贯眼纹。下背、腰至尾上覆羽几纯橄榄绿色，无纵纹或纵纹极不明显。两翅黑褐色，具橄榄黄绿色羽缘，中覆羽和大覆羽具白色或棕白色端斑。尾羽黑褐色，具橄榄绿色羽缘，最外侧 1 对尾羽具大形楔状白斑，次 1 对外侧尾羽仅尖端白色。颏、喉白色或棕白色，喉侧有黑褐色颧纹，胸皮黄白色或棕白色，其余下体白色，胸和两胁具粗著的黑色纵纹。虹膜红褐色；上嘴黑色，下嘴肉黄色；跗跖和趾肉色或肉褐色。

栖息环境 繁殖期主要栖息在海拔 1000m 以上的阔叶林、混交林和针叶林等山地森林中。迁徙期间和冬季多栖息于低山丘陵和山脚平原草地。

生活习性 常成对或成 3~5 只的小群活动，迁徙期间亦集成较大的群。多在地上奔跑觅食。性机警，受惊后立刻飞到附近树上，边飞边发出"chi-chi-chi"的叫声，声音尖细。站立时尾常上下摆动。食物主要有鳞翅目幼虫、蝗虫、甲虫、蚂蚁、蜻象等昆虫，也吃蜘蛛、蜗牛等小型无脊椎动物，以及苔藓、谷粒、杂草种子等植物性食物。

地理分布 保护区较常见，区内多地均有记录。浙江省各地广布。国内见于各省份。

繁殖 繁殖期 6—7 月。通常营巢于林缘、林间路边、林中空地等开阔地区地上草丛或灌木旁凹坑内，也在林中溪流岸边石隙下浅坑内营巢。营巢由雌、雄亲鸟共同承担。巢呈浅杯状，结构较为松散，主要由枯草茎、草叶、松针和苔藓构成。巢的大小为外径 8~13cm，内径 6.5~8.7cm，高 6.7cm，深 4.0~4.8cm。每个巢约需 1 个星期即可筑成，巢筑好后即开始产卵，每天产卵 1 枚，1 年繁殖 1 窝，每窝产卵 4~6 枚，多为 5 枚。卵为椭圆形，鸭蛋青色，被紫红色斑点，钝端较密，大小为（14.5~17.0mm）×（20.0~23.3mm），重 1.8~2.0g。孵卵主要由雌鸟承担，孵化期 13~15 天。

居留型 冬候鸟（W）。

保护与濒危等级 《中国生物多样性红色名录》无危（LC）；《IUCN 红色名录》无危（LC）。

保护区相关记录 首次记录为翁少平（2014）。张雁云（2017）也有记录。

231 黄腹鹨 水鹨

Anthus rubescens (Tunstall, 1771)

目 雀形目 PASSERIFORMES
科 鹡鸰科 Motacillidae

英文名 Buff-bellied Pipit

形态特征 小型鸟类，体长约 15cm。体羽似树鹨，但上体褐色浓重，胸及两胁具粗著的黑色纵纹，纵纹浓密，颈侧具近黑色的块斑，指名亚种褐色较浓但纵纹较少。头顶具细密的黑褐色纵纹，往后到背部纵纹逐渐不明显。眼先黄白色或棕色，眉纹自嘴基起棕黄色，后转为白色或棕白色，具黑褐色贯眼纹。下背、腰至尾上覆羽几纯褐色，无纵纹或纵纹极不明显。两翅黑褐色，具橄榄黄绿色羽缘，中覆羽和大覆羽具白色或棕白色端斑，初级飞羽及次级飞羽羽缘白色。尾羽黑褐色，具橄榄绿色羽缘，最外侧 1 对尾羽具大形楔状白斑，次 1 对外侧尾羽仅尖端白色。颏、喉白色或棕白色，喉侧有黑褐色颧纹，胸皮黄白色或棕白色，其余下体白色。虹膜褐色或暗褐色；嘴暗褐色；脚肉色或暗褐色。

栖息环境 主要栖息于阔叶林、混交林和针叶林等山地森林中，在迁徙期间和冬季则多栖息于低山丘陵和山脚平原草地。常活动在林缘、路边、河谷、林间空地、草地等各类生境，有时也出现在居民区，冬季喜在沿溪流的湿润多草地区及稻田活动。

生活习性 常单独或成对活动，迁徙季和冬季多成十几只小群活动。性活跃，不停地在地上或灌丛中觅食，奔跑迅速，受干扰后立刻飞向树或附近的灌丛中。鸣声为一连串快速的 "chee" 或 "cheedle" 声。飞行呈波浪式。食物主要有鞘翅目昆虫、鳞翅目幼虫及膜翅目昆虫，兼食一些植物种子。

地理分布 保护区记录于黄桥、三插溪。浙江省各地广布。除宁夏、西藏、青海外，分布于国内各省份。

繁殖 繁殖期 5—7 月。通常营巢于林缘及林间空地、河边或湖畔草地上，也在沼泽或水域附近草地、农田地边营巢。巢多置于草丛旁或草丛中地上凹坑内，借助草丛的掩护一般不易被发现。巢呈杯状，垫以兽毛、羽毛、枯草叶、枯草茎。营巢由雌、雄亲鸟共同承担。每窝产卵 4~6 枚。卵灰绿色，被黑褐色斑点，大小为（20.2~23.4mm）×（14.9~16.3mm）。孵卵主要由雌鸟承担，孵化期 13 天。雏鸟晚成性，雌、雄亲鸟共同育雏，经过 14~16 天的喂养即可离巢。

居留型 冬候鸟（W）。

保护与濒危等级 《中国生物多样性红色名录》无危（LC）；《IUCN 红色名录》无危（LC）。

保护区相关记录 2020 年科考新增物种。

232 山鹨

Anthus sylvanus (Hodgson, 1845)

目 雀形目 PASSERIFORMES
科 鹡鸰科 Motacillidae

英文名 Upland Pipit

形态特征 小型鸟类，体长约 17cm。上体棕色或棕褐色，从头顶至尾上覆羽具粗著的黑褐色纵纹，有 1 条窄而不明显的乳白色或棕白色眉纹，耳覆羽暗棕色。尾羽黑褐色且具淡棕白色狭缘，中央 1 对尾羽甚为细尖，呈箭形，其余尾羽仅末端尖细，呈尖形，最外侧 1 对尾羽除基部呈黑褐色外，其余呈棕白色或褐白色，次 1 对外侧尾羽端部具棕白色或褐白色楔状斑，第 3 对外侧尾羽仅端部具小的白斑。两翅黑褐色且具窄的褐白色羽缘，中覆羽、大覆羽和内侧次级飞羽外侧具较宽的棕褐色羽缘。下体棕白色或褐白色微沾灰色，除喉和下腹中央无纵纹外，其余均具黑褐色纵纹，其中胸、腹纵纹较细窄，像发丝一样，而体侧纵纹则较宽阔粗著，腋羽淡黄色。虹膜褐色；嘴暗褐色，下嘴基部较淡；脚、爪淡肉色，后爪明显弯曲，长约 10mm。

栖息环境 主要栖息于海拔 1000~2500m 的山地林缘、灌丛、草地、岩石草坡和农田地带，尤其喜欢峻峭的山坡草地、灌丛和岩石。冬季喜在沿溪流的湿润多草地区及稻田活动。

生活习性 常单独或成对活动，冬季亦集群。多在地上快速奔跑觅食，遇有干扰则飞至树上，有时也站在树上鸣叫。食物主要为鞘翅目昆虫、鳞翅目幼虫及膜翅目昆虫，兼食一些植物种子。

地理分布 早期科考资料有记载，但本次调查未见。浙江省内见于嘉兴、杭州、宁波、舟山、台州、温州、丽水。国内分布于浙江、山东、陕西南部、云南、四川、重庆、贵州、湖北、湖南、江西、上海、福建、广东、香港、澳门、广西。

繁殖 繁殖期为 5—8 月，通常营巢于林缘及林间空地、河边或湖畔草地上，也在沼泽或水域附近草地、农田地边营巢。巢多置于草丛旁或草丛中地上凹坑内，借助草丛的掩护一般不易被发现。巢呈杯状，垫以兽毛、羽毛、枯草叶、枯草茎。营巢由雌、雄亲鸟共同承担。每窝产卵 3~5 枚。卵白色、灰绿色，被灰褐色、红褐色斑点，大小为（20.2~24.0mm）×（15.5~18.2mm）。孵卵主要由雌鸟承担，孵化期 14 天。雏鸟晚成性，雌、雄亲鸟共同育雏，经过亲鸟 15 天左右的喂养，幼鸟即可离巢。

居留型 留鸟（R）。

保护与濒危等级 《中国生物多样性红色名录》无危（LC）;《IUCN 红色名录》无危（LC）。

保护区相关记录 首次记录为第一次综合科考（1984）。翁少平（2014）、张雁云（2017）也有记录。

233 燕雀

Fringilla montifringilla Linnaeus, 1758

目　雀形目 PASSERIFORMES

科　燕雀科 Fringillidae

英文名　Brambling

形态特征　小型鸟类，体长 14~17cm。雄鸟夏羽额、头顶、头侧、枕、后颈、背、内侧次级飞羽和三级飞羽，以及最长的尾上覆羽灰黑色，或多或少缀有蓝色。肩、翅上中覆羽和大覆羽尖端、腰和尾上覆羽白色，翅上小覆羽锈棕色，初级飞羽黑褐色，羽基较淡。尾黑色，外侧尾羽具不明显的淡色斑。颏、喉和上胸锈棕色，下胸、腹、两胁和尾下覆羽白色，刚换上的新羽上体黑色部分多被锈色羽端（直到 5 月才退去）。肩锈色，大覆羽尖端赭色，飞羽和尾羽外翈具淡色羽缘。冬羽额、头顶到枕蓝黑色且具蓝色金属光泽，末端羽缘棕黄色，颊、眼周、耳羽黑色，羽端沙棕色，后颈至上背黑色，羽基灰白色，端部羽缘棕色。下背、腰和尾上覆羽白色；尾羽黑色，具窄的棕白色羽缘。飞羽黑褐色，初级和次级飞羽除第 1 枚外，外翈中段具绿黄色狭缘，三级飞羽端部外翈具宽的棕红色羽缘。肩羽和翅上小覆羽基部灰色，羽端橙黄色，中覆羽棕白色，大覆羽黑色且具棕色羽端。颏、喉和上胸橙黄色，下胸和腹白色，尾下覆羽白色沾棕色，两胁淡棕色且具黑色斑点；腋羽和翼下覆羽淡棕色。雌鸟春、夏羽羽色与雄鸟相似，但较雄鸟淡，上体黑色部分被褐色取代，且具淡色羽缘，头和背部具不明显的纵纹。雌鸟秋、冬羽羽色与雄鸟秋羽相似，但羽色较暗，不及雄鸟鲜亮，头顶至上背黑褐色，羽缘暗红棕色，下背至腰灰白色，尾浅黑

色，具白色狭缘。颏、喉沙棕色，上胸暗橙棕色，羽端灰棕色，下胸、腹和尾下覆羽灰白色。虹膜褐色或暗褐色；嘴基角黄色，嘴尖黑色；脚暗褐色。

栖息环境 繁殖期栖息于阔叶林、针阔叶混交林和针叶林等各类森林中，尤以在桦树占优势的树林中较常见。迁徙期间和冬季主要栖息于林缘疏林、次生林、农田、旷野、果园和村庄附近的小林内。

生活习性 除繁殖期成对活动外，其他季节多成群，尤其是迁徙期间常集成大群，有时甚至集群多达数百、上千只，晚上多在树上过夜。杂食性，主要以果实、种子等植物性食物为食，最喜欢吃杂草种子，繁殖期则主要以昆虫为食。

地理分布 保护区记录于洋溪。浙江省各地广布。除宁夏、西藏、青海、海南外，分布于国内各省份。

繁殖 繁殖期5—7月。通常成对分散营巢，巢多置于桦树、杉树、松树等各种树上紧靠主干的分枝处，距地高3~5m。巢呈杯状，主要由枯草和桦树皮等材料构成，外面常掺杂苔藓，内垫羊毛、兽毛或羽毛。巢筑好后即开始产卵，每窝产卵5~7枚，多为6枚。卵绿色，被红紫色斑点，大小为（16.8~21.5mm）×（13.8~14.5mm）。

居留型 冬候鸟（W）。

保护与濒危等级 《中国生物多样性红色名录》无危（LC）;《IUCN红色名录》无危（LC）。

保护区相关记录 首次记录为翁少平（2014）。张雁云（2017）也有记录。

234 黄雀 黄鸟

Spinus spinus (Linnaeus, 1758)

目　雀形目 PASSERIFORMES
科　燕雀科 Fringillidae

英文名　Eurasian Siskin

形态特征　小型鸟类，体长 11~12cm。雄鸟额、头顶和枕部黑色，枕羽略带灰黄色；眼先灰色；眉纹鲜黄色；贯眼纹短，呈黑色；耳羽暗绿色；颊黄色；后颈和背绿色，羽缘黄色；腰亮黄色，羽尖色较深，近背部有褐色羽干纹；尾上覆羽褐色，具亮黄色宽缘；中央 1 对尾羽黑褐色，带亮黄色狭边，最外侧 1 对尾羽的外翈基段及内翈亮黄色，外翈末段及内翈羽端褐色，其余尾羽基段亮黄色，末段黑褐色，并带黄色边缘；大覆羽黑褐色，羽端亮绿色；小覆羽黑色，羽缘黄色，尖端白色，初级覆羽暗黑色，羽缘绿黄色；飞羽基段亮黄色，末段黑褐色，外缘黄绿色，羽端均灰褐色。颏和喉中央黑色，羽尖沾黄色；胸亮黄色；腹灰白色，微沾黄色；两胁及尾下覆羽灰白色，有黑褐色羽干纹，翼下覆羽和腋羽淡黄色，前者羽基发黑。秋羽体羽黄、绿和黑等色泽不如春羽那样鲜明，但羽干纹反较明显。雌鸟额、头顶、头侧和背概褐色沾绿色，而带黑褐色羽干纹；腰部绿黄色，亦具条纹；下体淡绿黄色或黄白色，并具较粗的褐色羽干纹，胁部尤甚；余部同雄鸟。虹膜近黑色；嘴暗褐色，下嘴较淡；腿和脚暗褐色。

栖息环境　栖息环境比较广泛，无论山区或平原都可见到，在山区多栖息于针阔叶混交林和针叶林中，在平原栖息于杂木林和河漫滩的树林中，有时也到村庄、公园和苗圃中。

生活习性　除繁殖期成对生活外，常集结成几十只的群，春秋季迁徙时见有集成大群的现象。性活泼，平常游荡时喜落于茂密的树顶上，飞行快速，呈直线前进，常一鸟先飞，而后群体跟着前往，但在繁殖期非常隐蔽。叫声清脆响亮，富有颤音。食性较杂，春季吃嫩芽、野生植物种子和鞘翅目小昆虫，夏季多以各种昆虫为食，秋冬季则食浆果、草籽、稗、粟等植物性食物。

地理分布　保护区记录于里光溪。浙江省各地广布。除宁夏、西藏外，分布于国内各省份。

繁殖　繁殖期 5—7 月。多在松树平枝上或在林下小树上营巢。巢十分隐蔽，由蛛网、苔藓、野蚕茧、细根等纤维等缠绕而成，颇为精巧，呈深杯形，内垫以细纤维、兽毛、羽毛和花序等。雌、雄均参与营巢，但以雌鸟为主。每窝产卵 4~6 枚。卵呈鲜蓝色、蓝白色，被红褐色线条和斑点，大小为（14.3~18.2mm）×（11.0~13.3mm）。孵卵由雌鸟单独承担，孵化期 12~14 天。雏鸟晚成性，雌、雄亲鸟共同育雏，育雏期 13~15 天。

居留型　冬候鸟（W）。

保护与濒危等级　《中国生物多样性红色名录》无危（LC）;《IUCN 红色名录》无危（LC）。

保护区相关记录　首次记录为翁少平（2014）。张雁云（2017）也有记录。

235 金翅雀 绿雀、芦花黄雀、黄弹鸟

Chloris sinica (Linnaeus, 1766)

目 雀形目 PASSERIFORMES
科 燕雀科 Fringillidae

英文名 Oriental Greenfinch、Grey-capped Greenfinch

形态特征 小型鸟类，体长 12~14cm。雄鸟眼先、眼周灰黑色，前额、颊、耳覆羽、眉区、头侧褐灰色沾草黄色，头顶、枕至后颈灰褐色，羽尖沾黄绿色。背、肩和翅上内侧覆羽暗栗褐色，羽缘微沾黄绿色，腰金黄绿色。短的尾上覆羽亦为绿黄色，长的尾上覆羽灰色缀黄绿色，中央尾羽黑褐色，羽基沾黄色，羽缘和尖端灰白色，其余尾羽基段鲜黄色，末段黑褐色，外翈羽缘灰白色。翅上小覆羽、中覆羽与背同色，大覆羽颜色亦与背相似，但稍淡，初级覆羽黑色，小翼羽亦为黑色，但羽基和外翈绿黄色，翅角鲜黄色。初级飞羽黑褐色，尖端灰白色，基部鲜黄色，在翅上形成一大块黄色翅斑，其余飞羽黑褐色，羽缘和尖端灰白色。颊、颏、喉橄榄黄色，胸和两胁栗褐色沾绿黄色或污褐色沾灰色，下胸和腹中央鲜黄色，下腹至肛周灰白色，尾下覆羽鲜黄色，翼下覆羽和腋羽亦为鲜黄色。雌鸟与雄鸟相似，但羽色较暗淡，头顶至后颈灰褐色且具暗色纵纹。上体少金黄色而多褐色，腰淡褐色且沾黄绿色。下体黄色亦较少，仅微沾黄色，且亦不如雄鸟鲜艳。虹膜栗褐色，嘴黄褐色或肉黄色，脚淡棕黄色或淡灰红色。

栖息环境 主要栖息于海拔 1500m 以下的低山、丘陵、山脚和平原等开阔地带的疏林中，尤其喜欢林缘疏林和生长有零星大树的山脚平原，也出现于城镇公园、果园、苗圃、农田地边和村寨附近的树上。

生活习性 常单独或成对活动，秋冬季节也成群，有时集群多达数十只甚至上百只。休

息时多停栖在树上，也停落在电线上长时间不动。多在树冠层枝叶间跳跃或飞来飞去，也到低矮的灌丛、地面活动和觅食。飞翔迅速，两翅扇动甚快，常发出呼呼声响。主要以植物果实、种子等为食。

地理分布 保护区记录于洋溪、黄桥、道均垟等地。浙江省各地广布。国内分布于浙江、北京、天津、河北、山东、河南、山西、陕西、内蒙古、宁夏、甘肃、青海、云南、四川、重庆、贵州、湖北、湖南、安徽、江西、江苏、上海、福建、广东、香港、澳门、广西。

繁殖 繁殖期3—8月。1年繁殖2~3窝。营巢于低山丘陵、山脚地带的针叶树幼树和杨树、果树、榕树等阔叶树枝杈上，以及竹丛中，巢距地高1.2~5.0m。巢呈杯状或碗状，结构较为精致，主要由细枝、草茎、草叶、植物纤维、须根等材料构成，有时也掺杂棉、麻、羽毛等材料，内垫毛发、兽毛和小片羽毛。巢的大小为外径7~11cm，内径5~7cm，高5~8cm，深3.5~5.0cm。营巢主要由雌鸟承担，雄鸟协助雌鸟搬运巢材。每个巢需7~8天完成，巢筑好后即开始产卵，每窝产卵4~5枚。卵呈椭圆形，颜色变化较大，大小为（17.0~19.0mm）×（12.4~14.5mm），重1.6~2.1g。通常每天产卵1枚，多在7:00以前产出。卵产齐后即开始孵卵，由雌鸟承担，孵化期12~14天。雏鸟晚成性，雌、雄亲鸟共同觅食喂雏，留巢期14~16天。

居留型 留鸟（R）。

保护与濒危等级 《中国生物多样性红色名录》无危（LC）;《IUCN红色名录》无危（LC）。

保护区相关记录 首次记录为第一次综合科考（1984）。翁少平（2014）、张雁云（2017）也有记录。

236 褐灰雀

Pyrrhula nipalensis Hodgson, 1836

目 雀形目 PASSERIFORMES
科 燕雀科 Fringillidae

英文名 Brown Bullfinch

形态特征 小型鸟类，体长约 16cm。雄鸟眼先和嘴基羽毛暗褐色，眼下有一白斑，额、头顶和枕灰褐色，各羽中央黑褐色，羽缘淡灰褐色，形成鳞状斑。背、肩灰褐色沾巧克力色，下背黑色，腰白色，尾上覆羽和尾黑色且具紫色光泽，中央尾羽还沾红铜色。翅上小覆羽、中覆羽与背同色，内侧大覆羽端部约 3/4 为淡灰褐色沾巧克力色，其余翅覆羽和飞羽黑褐色且具紫色光泽，最内侧 1 枚次级飞羽外翈羽缘赤红色，有的仅端部具一黄白色或紫铜色块斑。下体自颏到胸和两胁灰褐色或灰葡萄褐色，腹中央至尾下覆羽转为白色，腋羽和翼下覆羽亦为白色。雌鸟与雄鸟相似，但最内侧 1 枚飞羽外翈羽缘不为红色而为草黄色或棕白色。虹膜褐色；嘴绿灰色，尖端黑色；脚肉褐色。

栖息环境 栖息于阔叶林和针阔叶混交林中、林缘，以及杜鹃灌丛。

生活习性 常单独或成对活动，非繁殖期则多成小群在林下灌丛中或树上，有时也到地上活动和觅食。性大胆，不甚怕人，活动时频繁地发出彼此联络的叫声，有时边飞边鸣叫，叫声柔和悦耳。杂食性，主要以乔木、灌木的果实和种子为食，也吃草籽、芽苞、嫩叶、花蕾等植物性食物，间或吃部分昆虫等动物性食物。

地理分布 保护区记录于金刚厂、芳香坪等地。浙江省内见于衢州、温州、丽水。国内分布于浙江、山东、陕西、云南、湖南、江西、福建西北部、广东北部、广西东北部。

繁殖 繁殖期 4—8 月，随繁殖地的海拔高度不同而变化。营巢于山地阔叶林或针阔叶混交林中的林下灌木低枝上。巢呈杯状，用细枝、草茎、须根和树皮纤维等材料构成，外面有时还装饰绿色苔藓，内垫细软的须根、碎片，有时还垫少许兽毛和鸟类羽毛。每窝产卵 3~5 枚。卵的颜色为淡绿色，钝端被少许茶褐色斑点，大小为（20.2~21.0mm）×（15.0~15.1mm）。

居留型 留鸟（R）。

保护与濒危等级 《中国生物多样性红色名录》无危（LC）;《IUCN 红色名录》无危（LC）。

保护区相关记录 首次记录为第一次综合科考（1984）。翁少平（2014）、张雁云（2017）也有记录。

237 **黑尾蜡嘴雀** 蜡嘴雀

Eophona migratoria Hartert, 1903

目　雀形目 PASSERIFORMES
科　燕雀科 Fringillidae

英文名　Yellow-billed Grosbeak

形态特征　中型鸟类，体长 17~21cm。雄鸟嘴基、眼先、额、头顶、头侧、颏和喉等整个头部灰黑色且具蓝色金属光泽。后颈、背、肩灰褐色，有的背微沾棕色，腰和尾上覆羽淡灰色或灰白色。尾黑色，外翈具蓝黑色金属光泽。翅上覆羽和飞羽黑色，具蓝紫色金属光泽，初级覆羽和飞羽具白色端斑，尤以初级飞羽白色端斑较宽阔。下喉、颈侧、胸、腹和两胁灰褐色沾棕黄色，有时两胁沾赭棕色或橙棕色，腹中央至尾下覆羽白色，腋羽和翼下覆羽黑色，羽缘白色。雌鸟整个头和上体概灰褐色，背、肩微沾黄褐色，腰和尾上覆羽近银灰色，中央 2 对尾羽灰褐色，其余尾羽黑褐色，羽缘沾灰色。翅上覆羽灰褐色，羽端稍暗，初级覆羽黑色，羽端白色；飞羽黑褐色，外翈灰黑色，初级飞羽和外侧次级飞羽具白色端斑，内侧次级飞羽灰黄褐色，内翈羽缘和端斑黑褐色。下体淡灰褐色，两胁和腹沾橙黄色，尾下覆羽污灰白色。幼鸟与雌鸟相似，但羽色较浅淡，下体近污白色，无橙黄色沾染。虹膜淡红褐色，嘴橙黄色，嘴基、嘴尖蓝黑色。

栖息环境　栖息于低山和山脚平原地带的阔叶林、针阔叶混交林、次生林、人工林中，也出现于林缘疏林、河谷、果园、城市公园、农田地边和庭院中的树上。

生活习性　繁殖期单独或成对活动，非繁殖期也成群，有时集成数十只的大群。树栖性，频繁地在树冠层枝叶间跳跃或来回飞翔，或从一棵树飞至另一棵树，飞行迅速，两翅鼓动有力，在林内常一闪即逝。性活泼而大胆，不甚怕人。平时较少鸣叫，鸣声高亢，悠扬而婉转，很远即能听到。杂食性，主要以种子、果实、嫩叶、嫩芽等植物性食物为食，也吃膜翅目、鞘翅目等昆虫和小螺蛳等小型无脊椎动物。

地理分布　保护区记录于洋溪、黄桥等地。浙江省各地广布。除宁夏、新疆、西藏、青海、海南外，分布于国内各省份。

繁殖　繁殖期5—7月。在到达繁殖地后不久雄鸟即开始求偶鸣叫和配对，雄鸟常站在树枝上高声鸣唱，鸣声清脆悦耳。筑巢于柞树、杨树或其他乔木侧枝枝杈上，距地高2~7m。巢呈杯状或碗状，由枯草叶、草茎、须根、细枝等材料构成。巢大小为外径9~14cm，内径6~9cm，高8~13cm，深5~8cm。每窝产卵3~7枚，多为4~5枚。卵为椭圆形和长卵圆形，颜色变化较大：有的呈米黄色，被淡红色斑点；有为灰色或灰白色，被黑褐色斑点和斑纹；也有的呈鸭蛋青色或深灰色，被黑褐色斑纹。卵大小为（16~19mm）×（20~27mm），重3.0~3.8g。卵产齐后才开始孵卵。雏鸟晚成性，雌、雄亲鸟共同育雏，留巢期11天。

居留型　冬候鸟（W）。

保护与濒危等级　《中国生物多样性红色名录》无危（LC）；《IUCN红色名录》无危（LC）。

保护区相关记录　首次记录为翁少平（2014）。张雁云（2017）也有记录。

238 黑头蜡嘴雀 大蜡嘴雀、铜嘴雀

Eophona personata (Temminck & Schlegel, 1847)

目 雀形目 PASSERIFORMES
科 燕雀科 Fringillidae

英文名 Japanese Grosbeak

形态特征 中型鸟类，体长 21~24cm。雄鸟额、头顶、嘴基四周和眼周概辉蓝黑色；上体余部包括颈侧均浅灰色而沾淡褐色，腰和短的尾上覆羽的灰色较淡；最长的尾上覆羽和尾羽均深黑色，带金属反光；小覆羽黑色，外表有黑铜色光泽；中、大覆羽亦为辉铜黑色，最内侧的覆羽与背部同色；小翼羽、初级覆羽和初级飞羽均深黑色，第 1 枚飞羽的内翈，次 4 枚的内、外翈，再次 3 枚的外翈均具白斑，外侧次级飞羽亦辉铜黑色，内侧次级飞羽与肩同色。喉、胸和两胁均呈浅灰色沾淡褐色，至腹部转白；尾下覆羽、腋羽和翼下覆羽均白色。雌鸟与雄鸟同色，但上体比较褐灰。幼鸟概淡褐色，头顶无黑色；中、大覆羽具淡皮黄色先端。虹膜深红色；嘴蜡黄色；脚肉褐色。

栖息环境 多栖息于平原和丘陵的溪边灌丛、草丛、次生林，也见于山区的灌丛、常绿林和针阔叶混交林。夏季常栖息于山区的针叶林带，也见于针阔叶混交林，但在迁徙时或游荡期多在丘陵和平原的杂木林或乔木林的高大树上。

生活习性 除繁殖期成对生活外，多集合成小群，很少为大群。性活泼，胆小怕人，善于隐藏。平时多停歇于树上，不断地从一枝到另一枝飞翔，见到远处有人即飞走，或听到声响即藏匿。飞翔时有一种短促而刺耳的叫声，音似"tak、tak"。5 月开始鸣唱，歌声音节不多，是由一系列短促的 4~5 种笛声构成的，颇优美动听，而且非常洪亮。杂食性，繁殖期以昆虫为食，秋冬季节以植物果实和种子为食。

地理分布 保护区内记录于溪斗。浙江省内见于杭州、绍兴、宁波、舟山、台州、金华、温州、丽水。国内分布于浙江、黑龙江、吉林、辽宁、北京、天津、河北、山东、河南、山西、陕西、内蒙古、甘肃、云南、四川、重庆、贵州、湖北、湖南、安徽、江西、江苏、上海、福建、广东、香港、广西。

繁殖 繁殖期 5—7 月。4 月初逐渐开始离群配对，配对后雌、雄亲鸟共同筑巢，巢一般筑于松树上，有时也在落叶乔木上，离地高 2~14m。巢呈杯状，构造粗糙，由细枝、树皮纤维和树叶编成。巢的大小为外径 12~16cm，内径 7~9cm，高 10~12cm，深 4~8cm。每窝产卵 3~4 枚。卵呈灰绿青色，具褐色、黑褐色斑和细纹，大小为（24~27mm）×（18~20mm）。孵卵由雌鸟承担，孵化期 13~15 天。雏鸟晚成性，雌、雄亲鸟共同育雏，留巢期 14~15 天。

居留型 冬候鸟（W）。

保护与濒危等级 《中国生物多样性红色名录》近危（NT）；《IUCN 红色名录》无危（LC）。

保护区相关记录 首次记录为翁少平（2014）。张雁云（2017）也有记录。

239 凤头鹀

Melophus lathami Gray, JE, 1831

目 雀形目 PASSERIFORMES
科 鹀科 Emberizidae

英文名 Crested Bunting

形态特征 小型鸟类，体长 14~16cm。雄鸟春羽头、颈、肩、背、腰、尾以及整个下体概为黑色，并带蓝绿色金属光泽；冠羽较长，长达 30mm 左右；尾上覆羽深栗色，并缘以黑色；尾羽栗红色，羽端黑色；翼上覆羽和飞羽鲜栗色，小覆羽具黑缘，初级飞羽和内侧次级飞羽先端乌黑；尾下覆羽和大腿羽淡栗褐色。腋羽黑色，翼下覆羽栗色。雄鸟秋羽所有黑色部分的羽缘均呈橄榄褐色而扩展至全身各羽，而翼覆羽呈黑褐色，边缘也浅淡。雌鸟上体暗褐色，缘以灰色，并具宽大灰褐色纵纹；飞羽外翈、初级飞羽尖端和内侧次级飞羽暗褐色，羽轴栗红色；翼覆羽棕褐色，羽缘浅灰色；尾羽棕褐色；大多数外侧尾羽具栗红色楔状斑；耳羽和颊褐色而沾绿色。下体锈黄色，颈侧和两胁较暗而沾绿色，喉和胸微具暗褐色纵纹。幼鸟与雌鸟相似，而且部分羽色也似成鸟的秋羽，但冠羽很短或无。虹膜褐色；上嘴近黑色，下嘴基部肉色；脚肉褐色，爪近黑色，爪尖色淡。

栖息环境 栖息于低山丘陵、山脚平原等开阔地带和海拔 2000~2500m 的中高山地区，常出入于亚热带常绿阔叶林和松树林林缘地带，尤以河谷、溪流两岸疏林灌丛地带较常见。秋冬季节也出现于山边稀树草坡、农田、村寨附近的树丛和灌木丛中，有时甚至出现在城市的公园和庭院中。

生活习性 繁殖期多单独或成对活动，非繁殖期多结成小群。休息时停歇于电线上或树

上，在无树地区则栖息于突出的圆石上。性大胆，不甚怕人，有时人可以靠得很近。春夏季雄鸟常站在树梢或电线上起劲地鸣叫，清脆悦耳，雄鸟作"churk"声，但到春季繁殖期则发出一种似吹哨子的优美动听的声音。雌鸟在筑巢过程中也发出一种似莺类的叫声，其他时期不能听到。喜在麦田、薯地、油菜地上觅食，在地面行走颇似云雀，有时也攀到树干上觅食蝉类和其他昆虫。食物以植物性为主，如麦粒、薯类、杂草种子和植物碎片等，也吃少量昆虫及其他小型无脊椎动物。

地理分布　早期科考资料有记载，但本次调查未见。浙江省内见于湖州、杭州、绍兴、宁波、台州、衢州、温州、丽水。国内分布于浙江、陕西南部、西藏东部和东南部、云南、四川、重庆、贵州、湖北、湖南南部、安徽、江西、福建、广东、香港、澳门、广西、海南、台湾。

繁殖　繁殖期5—8月。雌鸟单独承担筑巢工作。对于营巢地的选择性不大，有的巢建于沿岸高处的草丛中，有的在堤坝或墙壁穴中，也有的在山茶树基部或其他小灌木下方。巢呈深杯状，巢壁疏松，由细草、苇茎杂以根须、苔藓编成，内垫以羽毛等，结构较粗糙松散。每窝产卵3~5枚。卵为椭圆形，呈灰白色、淡绿白色、灰黄色或污白色，具褐色斑点覆盖于红褐斑上，并多集中于卵的钝端，有时形成小环，大小为（18~22mm）×（13~17mm）。

居留型　留鸟（R）。

保护与濒危等级　《中国生物多样性红色名录》无危（LC）；《IUCN红色名录》无危（LC）。

保护区相关记录　首次记录为第一次综合科考（1984）。翁少平（2014）、张雁云（2017）也有记录。

240 三道眉草鹀 大白眉、犁雀儿、三道眉

Emberiza cioides von Brandt, JF, 1843

目 雀形目 PASSERIFORMES
科 鹀科 Emberizidae

英文名 Meadow Bunting

形态特征 小型鸟类，体长约 16cm。雄鸟额呈黑褐色和灰白色混杂状；头顶及枕深栗红色，羽缘淡黄色；眼先及下部各有 1 条黑纹；耳羽深栗色；眉纹白色，自嘴基伸至颈侧；上体余部栗红色，向后渐淡，各羽缘以土黄色，并具黑色羽干纹，而下体和尾上覆羽纯色；中央 1 对尾羽栗红色且具黑褐色羽干纹，其余尾羽黑褐色，外翈边缘土黄色，最外 1 对尾羽有一白色带从内翈端部直达外翈的近基部，外侧第 2 对尾羽末端中央有一楔状白斑；小覆羽灰褐色，羽缘较浅白；中覆羽内翈褐色，外翈栗红色，羽端土黄色；大覆羽和三级飞羽中央黑褐色，羽缘黄白色；小翼羽、初级飞羽暗褐色，羽缘淡棕色；飞羽均暗褐色，初级飞羽外缘灰白色，次级飞羽的羽缘淡红褐色；颏及喉淡灰色；上胸栗红色，呈明显横带状；两胁栗红色而至栗黄色，越往后越淡，直至和尾下覆羽及腹部的沙黄色相混合；腋羽和翼下覆羽灰白色，羽基微黑。雌鸟体羽色较雄鸟淡；头顶、后颈和背部均呈浅褐色沾棕色，而满布黑褐色条纹；耳羽也沾土黄色，眼先和颊纹沾污黄色；眉纹、耳羽及喉均土黄色；胸部栗色横带不明显。虹膜栗褐色；嘴灰黑色，下嘴较浅；脚肉色。

栖息环境 栖息于低山丘陵和平原地带的次生阔叶林或疏林中，尤其喜欢林缘疏林、山坡幼林、农田和道路附近的小树林。

生活习性 繁殖期多单独或成对活动，非繁殖期多家族群或小群，活动在开阔空旷的草地、灌丛和山边岩石上，停歇在灌木或幼树枝顶、电线杆上、岩石上。性胆怯，见人立刻

落入灌丛或草丛，敏捷地在灌丛枝叶间跳跃飞翔，活动时不断发出"嗞、嗞"声。繁殖期叫声洪亮，清脆而婉转。繁殖期主要以鞘翅目和鳞翅目昆虫为食，非繁殖期主要以杂草种子等植物性食物为食。

地理分布 保护区记录于黄桥、碑排等地。浙江省各地广布。国内分布于浙江、北京、河北、山东、河南、山西、陕西南部、宁夏、甘肃、云南东北部、四川、重庆、贵州、湖北、湖南、安徽、江西、江苏、上海、福建、广东、广西、台湾。

繁殖 繁殖期5—7月。巢一般筑于山坡草丛地面，极少数在灌丛小树上，但在南方也筑在小松树上或茶树上，或筑于溪边、田边小而密的荆棘丛中，极少在高树上。巢多营造在茶园、菜地、道旁、住宅旁的灌丛和荆棘丛中。仅雌鸟筑巢，4~5天完成。巢呈碗状，巢外壁主要为禾本科草茎，以及少量落叶、松针、蒿草、绣线菊叶等，内壁多为植物须根、细草茎等，内垫少量兽毛等。每年产卵1窝。巢筑完当天或隔1天开始产卵。卵色泽变化很大，但同1窝基本相似。卵椭圆形，白色或乳白色，钝端有蝌蚪状黑斑连成环状，其他部位稍有斑点。斑多发丝状，底层浅紫色，表层为黑褐色及浓黑色，密集于卵的钝端绕成1条宽环，其余各处偶有零星的棒状或点状斑。雌鸟孵卵，孵化期12~13天。雏鸟留巢期为11~12天，两性育雏，幼鸟离巢后在亲鸟带领下在巢区附近游荡3~5天。

居留型 留鸟（R）。

保护与濒危等级 《中国生物多样性红色名录》无危（LC）;《IUCN红色名录》无危（LC）。

保护区相关记录 首次记录为第一次综合科考（1984）。翁少平（2014）、张雁云（2017）也有记录。

242 栗耳鹀

Emberiza fucata Pallas, 1776

目　雀形目 PASSERIFORMES
科　鹀科 Emberizidae

英文名　Chestnut-eared Bunting

形态特征　小型鸟类，体长约 15cm。雄鸟额、头顶、枕、后颈灰色且具黑色羽干纹，眼先、眼周和不甚明显的眉纹污白色，耳羽栗色，颊纹淡皮黄白色，腭纹黑色，背、肩栗色或栗褐色且具宽阔的黑色羽干纹，尤以背部较显著，腰淡栗色。尾上覆羽橄榄褐色且具黑色羽干纹；尾黑褐色；中央 1 对尾羽内翈具宽的淡褐灰色羽缘，外翈具窄的淡皮黄色羽缘，最外侧 1 对尾羽具长的楔状白斑，第 2 对尾羽仅在羽端具狭小的楔状白斑。翅上小覆羽栗色，中覆羽、大覆羽和三级飞羽黑色且具宽的褐栗色羽缘，小翼羽和初级覆羽黑褐色，初级飞羽和次级飞羽黑褐色，除第 1~2 枚初级飞羽具窄的白色羽缘外，其余飞羽具栗色羽缘。颏、喉、胸具淡皮黄白色；上胸有 1 条由黑色点斑组成的横带，两端与黑色腭纹相连，形成 1 块黑色 U 形斑，环绕在喉部，在黑色横带下有 1 条栗红色横带横跨胸部；其余下体皮黄白色；两胁缀皮黄色或砖红色，具黑褐色羽干纹；腋羽和翼下覆羽白色。雌鸟与雄鸟相似；但上体较褐且少栗色，冬羽均具皮黄褐色羽缘；胸部黑色斑点较小而少，与黑色腭纹不相连接，有时甚至没有黑色胸带，仅有 1 条栗色胸带，亦多不明显。虹膜褐色；嘴褐色，下嘴基部肉色；脚肉色。

栖息环境　栖息于低山、丘陵、平原、河谷、沼泽等开阔地带，尤以生长有稀疏灌木的林缘沼泽草地、溪边和林间路边灌木沼泽地区较为常见，也出现在田边和居民点附近的草地灌丛中，不喜欢茂密的森林。

生活习性　繁殖期多成对或单独活动，非繁殖期常成 3~5 只的小群或家族群活动在草丛中。有时人走至跟前才飞起，飞不多远又落在草丛中，有时也栖停于附近灌木上注视一会儿才又飞走，每次飞翔距离都不远，而且贴地飞行。繁殖期常站在灌木上或草茎上鸣唱，平时较少鸣叫，叫声单调而低细，似"嗞、嗞"声。食物随季节变化而不同；繁殖期主要以昆虫为食，主要有蚜虫、尺蠖、黏虫、蛾、金龟甲等；非繁殖期主要以草籽、灌木果实和种子等植物性食物为食，秋冬季也吃谷子、高粱等农作物。

地理分布　保护区记录于三插溪。浙江省各地广布。除青海、新疆、西藏外，分布于国内各省份。

繁殖　繁殖期 5—8 月。营巢于林缘或林间路边有稀疏灌木的沼泽草甸中，偶尔也有少数巢置于小灌木茂密的低枝上。营巢由雌鸟承担，每个巢需 5~7 天完成。巢呈杯状，用禾本科与莎草科植物的草叶、草茎、草根、须根等构成，其中巢外壁用禾本科枯草叶、枯草茎和小的枯叶构成，内壁为莎草科草茎、须根和苔藓，其内再垫以兽毛和鸟类羽毛。巢的大小为外径 7~12cm，内径 5~8cm，高 6~9cm，深 5~6cm。巢筑好后即开始产卵，1 年繁殖1~2 窝，每窝产卵 4~6 枚，通常 5 枚。卵为椭圆形，淡灰色、灰白色或灰青色，其上密被褐色或淡褐色小斑点，尤以钝端较密，大小为（18~22mm）×（14~18mm），重 2~3g。卵产齐后即开始孵卵，由雌鸟承担，孵化期 11~13 天。雏鸟晚成性，雌、雄亲鸟共同育雏，经过 9~11 天的喂养，幼鸟即可离巢。

居留型　旅鸟（P）。

保护与濒危等级　《中国生物多样性红色名录》无危（LC）;《IUCN 红色名录》无危（LC）。

保护区相关记录　首次记录为翁少平（2014）。张雁云（2017）也有记录。

243 小鹀 麦寂寂

Emberiza pusilla Pallas, 1776

目 雀形目 PASSERIFORMES
科 鹀科 Emberizidae

英文名 Little Bunting

形态特征 小型鸟类，体长 11~15cm。雄鸟夏羽头顶、头侧、眼先和颊侧均赤栗色，头顶两侧各具 1 条黑色宽带；眉纹红褐色；耳羽暗栗色，后缘沾黑色；颈灰褐色且沾土黄色；肩、背沙褐色，有黑褐色羽干纹；腰和尾上覆羽灰褐色；小覆羽土黄褐色；中和大覆羽黑褐色，前者羽尖土黄色，后者沾赤褐色，羽端土黄色；小翼羽和初级覆羽暗褐色，而羽缘浅灰色。飞羽暗褐色，内侧者缘以赭黄色，外侧者外缘转为土白色；尾羽褐色，具不明显的土白色羽缘；最外侧 1 对尾羽有 1 块白色楔状斑，从内翈羽尖直插到外翈基部；次 1 对尾羽仅在羽轴处有 1 条白色窄纹。喉侧、胸、胁均土黄色，具黑色条纹；下体余部白色；翼下覆羽和腋羽也白色，后者中央发黑。秋羽头顶羽端赭土色，头顶赤栗色与两侧的黑色带有些混杂，不如春羽明显；翼羽外缘近赭色；其他各部的羽色与春羽大致相同。雌鸟春羽羽色较雄鸟淡；头顶中央红褐色，多杂以狭小黑色纵纹和赭土色羽尖；头顶两侧黑色带呈黑褐色；其余各部与雄鸟春羽同。雌鸟秋羽大致与雌鸟春羽同，仅头顶两侧黑色带转呈红褐色。虹膜褐色；上嘴近黑色，下嘴灰褐色；脚肉褐色。

栖息环境 栖息于低山、丘陵、山脚平原地带的灌丛、草地和小树丛中，以及农田、地边、旷野中的灌丛与树上。

生活习性　除繁殖期成对或单独活动外，其他季节多成几只至 10 多只的小群分散活动。频繁地在草丛间穿梭或在灌木低枝间跳跃，有时也栖息于小树低枝上，见人立刻落下藏匿于草丛或灌丛中。飞翔时尾羽有规律地散开和收拢，频频露出外侧白色尾羽。常发出单调而低弱的叫声，其声似 "chi-chi-"，间隔几秒钟才发出 1 次，而且多是隐伏在灌木荆棘丛中或草丛中鸣叫。繁殖期则多站在灌木顶枝上鸣叫，鸣声响亮、清脆而婉转。杂食性，主要以种子、果实等植物性食物为食，也吃昆虫等动物性食物。

地理分布　保护区记录于三插溪。浙江省各地广布。国内见于各省份。

繁殖　繁殖期 6—7 月。5 月中下旬到达繁殖地，在迁徙途中雄鸟即开始求偶鸣叫和配对，到达繁殖地后立刻开始占区和继续鸣叫。营巢于地上草丛或灌丛中，特别是在有低矮的杨树丛、桦树丛、玫瑰丛、柳树丛的地区较多见。借助于上一年的枯草和灌木枝叶的掩盖，巢很隐蔽。巢呈杯状，由枯草叶和枯草茎构成，内垫细的枯草茎叶和兽毛。巢的大小为外径 9.5cm，内径 6.5cm，深 4cm。每窝产卵 4~6 枚，偶尔多至 7 枚。卵白色或绿色，被小的褐色或紫褐色斑点，大小为（16.5~20.2mm）×（13.5~14.5mm）。孵卵由雌、雄鸟共同承担，孵化期 11~12 天。

居留型　冬候鸟（W）。

保护与濒危等级　《中国生物多样性红色名录》无危（LC）;《IUCN 红色名录》无危（LC）。

保护区相关记录　首次记录为翁少平（2014）。张雁云（2017）也有记录。

244 黄眉鹀 大眉子、黄三道、金眉子

Emberiza chrysophrys Pallas, 1776

目　雀形目 PASSERIFORMES
科　鹀科 Emberizidae

英文名　Yellow-browed Bunting

形态特征　小型鸟类，体长 14~16cm。雄鸟春羽额、头顶、枕部和头侧黑色，从额至枕有一狭窄白色冠纹；眉纹鲜黄色，耳羽后转为白色；上体全部褐色，后颈各羽具栗褐色细纹，翕部具黑褐色羽干纹，有时沾栗色，后背、腰和尾上覆羽色较栗红；中央 1 对尾羽褐色，中轴较暗，外翈栗色，其余尾羽黑褐色，最外侧 2 对尾羽有白色楔状斑，最外侧的白斑较长而宽，次对白斑细小并居中央；翼上覆羽和内侧次级飞羽褐色，缘以黑边；中、大覆羽尖端白色；小翼羽暗褐色，翼缘棕色，初级覆羽暗褐色，外缘沾灰色；飞羽褐色，初级飞羽的外缘灰白色，次级飞羽羽缘暗褐色。颏、颧纹均黑色；胸侧和两胁栗褐色，胸和两胁具暗褐条纹；腹中央和尾下覆羽白色，后者基段黑色；翼下覆羽和腋羽白色，羽基灰色。雄鸟秋羽眼先和头侧黑褐色；耳羽褐色，下缘近黑色，后颈有白点；眉纹黄色宽；头黑色，具赭色羽缘，冠纹较宽，有的标本前部沾黄色；颈侧灰色，具暗色羽干纹；其他部分与春羽同。雌鸟体形较雄鸟略小，不同之处在于：头部褐色，头侧、耳羽淡褐色；下体条纹比较稀少。幼鸟似雌鸟，腰及腹带黄色；大、中覆羽黑色，先端白色。8—9 月进行部分换羽，除初级覆羽、飞羽及尾羽外，都换成第 1 年冬羽。这种新羽装与成鸟有区别。虹膜暗褐色；上嘴褐色，下嘴灰白色；脚肉褐色。

栖息环境　栖息于低山丘陵和平原地带的混交林、阔叶林中，尤其在林间路边和溪流沿岸常见，也出现在无树和有稀疏树木的灌丛、草地、农田地边。

生活习性　多成对或成小群活动，有时与其他鹀类混杂飞行，但从不结成大群。性怯疑又寂静，每天多数时间隐藏于地面灌丛或草丛中，不时发出低弱的"嗞、嗞"声。受惊后在灌丛和草丛间窜飞或飞到附近的树枝上，然后飞向远处。杂食性；春季以食杂草种子为主，也吃叶芽和植物碎片等；秋季以食各种谷类为主，如小米、谷粒等，也吃草籽、少量昆虫和浆果等。

地理分布　保护区记录于三插溪、新增等地。浙江省各地广布。国内分布于浙江、黑龙江、吉林、辽宁、北京、天津、河北、山东、河南、山西、陕西北部、内蒙古东部、四川、重庆、贵州、湖北、湖南、安徽、江西、江苏、上海、福建、广东、香港、澳门、广西、台湾。

繁殖　繁殖期 6—7 月。营巢于树上。巢呈杯状，由枯草茎叶构成，内垫大量兽毛。每窝产卵 4 枚。卵灰白色，被铅灰色和黑褐色斑点，大小为（19.9~20.4mm）×（15.0~15.7mm）。

居留型　冬候鸟（W）。

保护与濒危等级　《中国生物多样性红色名录》无危（LC）；《IUCN 红色名录》无危（LC）。

保护区相关记录　首次记录为翁少平（2014）。张雁云（2017）也有记录。

245 田鹀 田雀

Emberiza rustica Pallas, 1776

目 雀形目 PASSERIFORMES
科 鹀科 Emberizidae

英文名 Rustic Bunting

形态特征 小型鸟类，体长 14~16cm。雄鸟春羽头顶和面部均为黑色，有些羽端沾栗黄色；眉纹白色，有的个体眉纹沾土黄色；枕部多为白色，形成 1 块白斑；颧纹棕白色伸至颈侧；背至尾上覆羽概栗红色，背羽中央有黑褐色纵纹，羽缘土黄色，余羽具黄色狭缘；中央尾羽的中央黑褐色，向两侧渐浅，并渐显栗色，羽缘土白色，最外侧 1 对尾羽由内翈先端的中央起有 1 条白色带伸至外翈的近基部，外侧第 2 对尾羽的白带与第 1 对同，但不向外翈延伸，其余尾羽均黑褐色且微具黄褐色羽缘；小覆羽栗褐色，羽缘土黄色，中和大覆羽黑褐色，羽缘栗红色至栗黄色，羽端白色，形成 2 道白斑；小翼羽、初级覆羽和飞羽均角褐色，羽缘栗黄色。颏、喉、颈侧及腹部近白色，颏和喉侧有 1 块褐色点斑；胸和胁的羽端栗红色，因而形成栗红色胸带及体侧的栗色斑；腋羽和翼下覆羽白色。冬羽除后胸和腹部外，其余各羽均具栗黄色羽缘。雌鸟羽色较雄鸟暗淡；头部黑褐色，但枕部浅色斑较显著；面部黄褐色；胸部栗红色带杂以白色，而呈栗白色。虹膜暗褐色；上嘴和嘴尖角褐色，下嘴肉色；脚肉黄色。

栖息环境 栖息于低山、丘陵和山脚平原等开阔地带的灌丛与草丛中，越冬季节常见于平原杂木林、人工林、灌木丛和沼泽草甸中。

生活习性　除繁殖期成对活动外，喜成群活动。性极活跃，行动敏捷，不断地在灌丛和草丛间进进出出，很少停歇于一处，受惊后飞到附近的小树上或飞走。每次飞行距离不大，多贴地面飞行。觅食和活动时个体间常发出一种"嗞、嗞"的单调叫声。食物以植物性食物为主，也吃少量昆虫和蜘蛛等。

地理分布　保护区记录于何园。浙江省各地广布。国内分布于浙江、黑龙江、吉林、辽宁、北京、天津、河北、山东、河南、山西、陕西、内蒙古、宁夏、甘肃南部、新疆西部和北部、云南南部、四川、重庆、湖北、湖南、安徽、江西、江苏、上海、福建、广东、香港、澳门、广西、台湾。

繁殖　繁殖期5—7月。成群到达繁殖地后不久即分散成对，雄鸟亦开始占区和求偶鸣叫。营巢于在前一年的枯草丛中，也在幼树丛中建巢，极为隐蔽，巢贴紧地面。巢呈杯状，用干草茎或枯草叶构成，内垫细的须根。巢外径12cm，内径5~8cm，深4~5cm。每窝产卵4~6枚。卵椭圆形，呈灰色、灰褐色或石板青色，上具小暗斑点，大小为（17.6~21.8mm）×（14.0~15.7mm）。孵卵由雌鸟承担，孵化期12~13天。雏鸟晚成性，孵化后留巢期14天。

居留型　冬候鸟（W）。

保护与濒危等级　《中国生物多样性红色名录》无危（LC)；《IUCN红色名录》易危（VU）。

保护区相关记录　首次记录为翁少平（2014）。张雁云（2017）也有记录。

247 栗鹀 红金钟

Emberiza rutila Pallas, 1776

目 雀形目 PASSERIFORMES
科 鹀科 Emberizidae

英文名 Chestnut Bunting

形态特征 小型鸟类，体长13~15cm。雄鸟上体自头至尾上覆羽，包括头侧、翼覆羽，以及颏、喉、上胸均栗红色，至腰和尾上覆羽色较浅淡，各羽微镶灰绿色；小翼羽黑色；初级覆羽暗褐色，羽缘青绿色；飞羽暗褐色，羽缘橄榄绿色，初级飞羽羽缘淡绿黄色，内侧次级飞羽表面栗红色；尾羽暗褐色，羽缘青绿色，外侧2对尾羽外翈具小的黄绿色端斑；下体自下胸开始，包括覆腿羽和尾下覆羽深硫磺色；体侧和两胁橄榄绿色，具暗黑色条纹；腋羽和翼下覆羽白色，微沾淡黄色，羽基污暗。雌鸟眼先、眼周和模糊眉纹均淡灰色；耳羽淡灰褐色，沿上缘有1条细黑纹；头上部栗褐色，中央黄褐色，各羽均具黑色条纹；上背和肩羽栗褐色，具黑色宽条纹；下背和腰淡栗红色，长形尾上覆羽无栗红色且具灰缘，中央色暗；翼覆羽黑褐色，羽缘橄榄灰色，羽端黄白色；小翼羽、初级覆羽和飞羽暗褐色，羽缘橄榄褐色，次级飞羽微缘以红色；尾羽较雄鸟淡。颊、颏和喉淡牛皮黄色，颧纹黑色；体侧和两胁灰绿色，具亮黑褐色纵纹；下体余部浅硫黄色，胸部具有暗色轴纹。虹膜褐色；上嘴棕褐色，下嘴淡褐色；脚淡肉褐色。

栖息环境 主要栖息于较为开阔的稀疏森林中，尤其喜欢河流、湖泊、沼泽、林缘地带的次生杨树林、桦树林、含有杨桦树的其他杂木疏林和灌丛，也出现于林缘和农田地边灌丛、草地。迁徙期间多见于低山和山脚地带，有时也见于高山森林中。

生活习性 除繁殖期成对或单独活动外，其他季节多成小群活动，一般有数只或10~30只。叫声单调，一边活动一边发出"ji–ji"声，繁殖期鸣声悦耳洪亮，雄鸟站在小树或灌木枝上鸣叫，当人走近时，立刻飞走或落入附近灌丛中。以植物性食物为主，如杂草种子、稻、高粱等谷物，杨、榆、桦等鳞芽等，兼食昆虫；繁殖期以食昆虫等为主。

地理分布 早期科考资料有记载，但本次调查未见。浙江省各地广布。除西藏、青海、海南外，分布于国内各省份。

繁殖 繁殖期6—8月。到达繁殖地后不久，雄鸟即开始不停地求偶鸣叫，站在幼树和灌木顶枝上鸣叫不息，特别是早晨鸣叫最为频繁。巢筑于林下灌丛和草丛的地面上。巢呈杯状，以细干草、枯草叶和须根等材料构成，内垫羽毛和细根。巢外径11cm，内径6cm，深4.7cm，较隐蔽，不易被发现。每窝产卵4~5枚。卵白色，并散有黑色点斑和线纹，大小为（17.0~18.7mm）×（13.7~14.5mm）。

居留型 旅鸟（P）。

保护与濒危等级 《中国生物多样性红色名录》无危（LC）；《IUCN红色名录》无危（LC）。

保护区相关记录 首次记录为翁少平（2014）。张雁云（2017）也有记录。

248 **灰头鹀** 蓬鹀、青头雀、黑脸鹀

Emberiza spodocephala Pallas, 1776

目 雀形目 PASSERIFORMES

科 鹀科 Emberizidae

英文名 Black-faced Bunting

形态特征 小型鸟类，体长 12~16cm。雄鸟嘴基、眼先、颊黑色，头、颈、颏、喉和上胸灰色且沾黄绿色，有的颏、喉、胸黄色且微具黑色斑点。上体橄榄褐色，具黑褐色羽干纹；两翅和尾黑褐色，外侧 2 对尾羽具大型楔状白斑；中覆羽和大覆羽具棕白色端斑，在翅上形成 2 道淡色翅斑。胸黄色，腹至尾下覆羽黄白色，两胁具黑褐色纵纹。雌鸟头和上体灰红褐色，具黑色纵纹，腰和尾上覆羽无纵纹，有一淡皮黄色眉纹；下体白色或黄色，胸和两胁具黑色纵纹；冠纹皮黄白色，嘴基、眼先、颊、颏不为黑色；其余同雄鸟。虹膜褐色；嘴棕褐色，尖端黑色，下嘴基部黄褐色；脚淡黄色。

栖息环境 栖息于山区河谷溪流两岸、平原沼泽地的疏林和灌丛中，也在山边杂林、灌丛、山间耕地、公园、苗圃等地。

生活习性 非繁殖期常成家族群或小群活动。在地上或低矮的灌草丛中活动，频繁地在

灌丛与草丛间穿梭，很少到树上活动或觅食。鸟声短促、单调，边活动边发出"chi-chi"声。杂食性；在早春和晚秋时以杂草籽、植物果实和各种谷物为食；夏季繁殖期大量啄食鳞翅目昆虫的幼虫及其他昆虫。

地理分布 保护区记录于芳香坪、三插溪、黄桥、洋溪等地。浙江省各地广布。除西藏外，分布于国内各省份。

繁殖 繁殖期5—7月。营巢于河谷、林间公路两边的次生林、灌丛与草丛中。巢建于矮灌木丛中的地面或离地不高的树枝上，很少在离地较高的枝间。巢呈杯形，由干草茎、叶、细根筑成，结构紧密，内垫薄层马毛、细根、草茎等。每窝产卵3~6枚。卵椭圆形，乳白色、淡绿色或浅蓝色，带红褐色表斑、褐紫色点斑或黑色条纹，尖端斑较稀，钝端斑较密集，大小为（18~21mm）×（13~16mm）。雌、雄亲鸟轮流孵卵，孵化期12~13天。雏鸟晚成性，雌、雄亲鸟共同育雏，留巢期12~13天。

居留型 冬候鸟（W）。

保护与濒危等级 《中国生物多样性红色名录》无危（LC）;《IUCN红色名录》无危（LC）。

保护区相关记录 首次记录为翁少平（2014）。张雁云（2017）也有记录。

中文名索引

拉丁名索引

图书在版编目（CIP）数据

浙江乌岩岭国家级自然保护区鸟类图鉴. 下册 / 雷
祖培，张芬耀，翁国杭主编. — 杭州 ： 浙江大学出版社，
2022.3
　　ISBN 978-7-308-22378-2

　　Ⅰ．①浙… Ⅱ．①雷… ②张… ③翁… Ⅲ．①自然保
护区－鸟类－泰顺县－图集 Ⅳ．①Q959.708-64

中国版本图书馆CIP数据核字(2022)第035507号

浙江乌岩岭国家级自然保护区鸟类图鉴（下册）

雷祖培　张芬耀　翁国杭　主编

责任编辑	季　峥
责任校对	潘晶晶
封面设计	沈玉莲
出版发行	浙江大学出版社
	（杭州市天目山路148号　邮政编码　310007）
	（网址：http://www.zjupress.com)
排　　版	杭州林智广告有限公司
印　　刷	杭州宏雅印刷有限公司
开　　本	787mm×1092mm　1/16
印　　张	16.75
字　　数	286千
版 印 次	2022年3月第1版　2022年3月第1次印刷
书　　号	ISBN 978-7-308-22378-2
定　　价	298.00元